KB210118

최소한의 교양

최소한의 교양

과학과 미술

노인영 지음

문예출판사

차례

들어가는 말

회화의 기원과 기하학

예술과 과학의 유용성

패러다임의 변화, 그 지난한 과정

대중과 가까이, 더 가까이

보이지 않는 세계에 관한 서술

아인슈타인의 학문 세계

들어가는 말

한 강연에서 제법 높은 수준의 교육을 받았다는 청중을 향해 흥미로운 질문이 던져졌다. "열역학 제2법칙, 즉 엔트로피 법칙을 설명할 수 있습니까?" 반응은 냉담했다. 소설가이자 물리학자인 강사 찰스 퍼시 스노는 "셰익스피어의 작품을 읽은 일이 있습니까?"라는 수준에서 제기한 과학에 관한 질문이라고 덧붙였다. 엔트로피 법칙은 자연과 인간에게 모두 적용되는 매우 보편적인 이론이다. 진리라고 말할 수는 없지만, 과학자 대부분이 수용하는 '과학적 사실'이다. 따라서 과학에 관한 교양 수준을 가늠할 수 있는 매우 상징적인 질문이다. 이것은 1959년 5월 영국에서 생긴 일화다.

오늘날 대한민국에서 교양인이라고 자처하는 사람들에게 같은 질문을 던진다 해도 반응은 크게 다르지 않을 것이다. 하지만 사람들의 부족한 과학적 소양을 아쉬워하기에 앞서 과학은 여전히 어렵다는 점을 먼저 인정해야 한다. 과학은 '우주의 언어'인 수학으로 서술되고, 법칙과 이론이 매우 복잡하다. 그러니 입시를 눈앞에 둔 대한민국 청소년이나 분주하게 살아가는 이들에겐 과학에 흥미를 지니고 찬찬히 살펴볼 여유가 없다.

이렇게 모인 생각들이 나의 결심을 도왔다. 최소한의 과학 이야기에 인문학의 꽃이라 할 수 있는 미술이라는 다리를 놓아 한 권의 책을 꾸리기로 마음먹었다. 처음에는 독일이 자랑하는 예술가 요제프 보이스의 퍼포먼스처럼 '죽은 토끼에게 그림을 설명하는 형국'이 되진 않을지 걱정했다. 그러나 연관 지어볼수록 두 분야가 의외로 잘 어울릴 수 있겠다는 생각으로 발전했다. 요즘은 어느 정도의 과학기술에 관한 지식이 없으면, 학문은 물론 일상생활마저도 불편한 세상이다. 영화와 소설의 소재로도 과학이 즐겨 다뤄진다. 게다가 대한민국 독자층의 과학을 향한 관심은 날로 커지는 중이다. 과학을 앎으로써 지식이 배양되는 것은 물론이고, 과학적 사고체계가 삶에 큰 도움이 된다는 사실까지도 많은 이가 체감하고 있다는 방증일 것이다. 발걸음이 가벼워졌다. 쉽고 재미있게 독자에게 다가가자는 각오로 출발했다. 그리고 글이 진행될수록 과학과 미술, 두 분야가 의외로 상통하는 면이 많다는 사실이 반갑고 놀라웠다.

독일의 문호 괴테는 특이하게도 《색채론》을 썼다. 빛과 색의 관계를 광학 이론만으로 접근해서는 안 되고, 색채가 불러일으키는 심리적 효과까지 생각해야 한다는 주장이었다. 괴테의 이론을 전폭적으로 수용한 인물이 영국 낭만주의 화가 윌리엄 터너였다. 이후 색채에 관한 관심이 프랑스로 건너가면서 외젠 들라크루아를 필두로 인상주의 화가들이 본격적으로 색채를 실험했다. 그리고 이때 르네상스에 이어 다시 한번 회화가 수학으로 인해 변곡점을 맞았다. 르네상스 미술이 정확한 수학적 비례를 통해 현실과 같은 착시 효과를 유도했다면, 현대 미술은 원근법을 파괴하여 독창성을 빚어냈다. 회화는 그림 문자다. 인간의 생각을 표현했다는 측면에서 과학과 다를 게 없다. 노벨 물리학상 수상자 하이젠베르크가 뒤샹의 〈계단을 내려가는 나부Ⅱ〉를 책 표지로 사용했고, 현존하는 최고의 화가 호크니가 아인슈타인의 상대성이론에서 받은 영감을 캔버스에 옮겼다. 이는 분야가 달라도 얼마든지 교감이 가능하다는 상징적 사례다.

당연한 이야기지만, 과학자와 예술가 공히 우리와 다름없는 생활인이다. 그들은 생업과 자기가 좋아하는 일을 병행하면서 경제적으로 몹시 힘들어했다. 레오나르도 다빈치는 후견인을 찾아 이곳저곳에서 방랑 생활을 하다가 결국 이국땅 프랑스에서 생을 마감했다. 갈릴레이는 가족을 부양하기 위해 큰 집을 임대하여 하숙을 쳤으며, 그중 일부에겐 돈을 받고 과외 지도를 했다. 창작의 고통으로 몸부림치다가 스스로 목숨을 끊은 이도 있었다. 화가 마크 로스코와 과학자 볼츠만이 대표적이다. 그런데도 그들은 각각 추상표현주의와 원자의 실재라는 시대의 화두를 내려놓지 못했다. 무엇이 삭풍이 부는 현실 세계에 화가와 과학자들을 붙잡아 두었을까? 단순히 호기심 때문이라고 규정하기에는 저항할 수 없는 본능적 욕구가 작동했다. 그들은 끈질기게 의심하고, 탐구했다. 그러자 겹겹이 쌓인 인류의 강고한 인식 체계에 균열이 생겼다. 그리고 마침내 패러다임이 바뀌었다.

책은 먼저 과학 이야기를 시대순으로 정리했다. 여기에 특정 과학자 혹은 그의 업적에 어울릴 만한 미술 작품을 배열했다. 독자의 식견을 넓히는 데 도움이 되길 바라며, 가급적 같은 화가의 작품을 중복하지 않았고 잘 알려지지 않은 것으로 골랐다. 책을 쓰며 어려운 논리를 이해하여 나의 언어로 재창출하는 산고가 만만치 않았다. 모두 내 탓이다. 내 빈곤한 지식과 글재주 때문이다. 새삼 훌륭한 책을 시중에 내놓은 많은 저자와 번역자의 노고에 경의를 표하는 바이다. 하고 싶은 말이 많았으나 가급적 간결하게 핵심을 전달하려고 했다. 예를 들어 일반상대성이론을 소개하면서 어려운 리만기하학을 설명하는 데 지면을 할애한다면, 작가나 독자 모두에게 고문일 것이다. 따라서 '평평했던 트램펄린 표면에 힘이 가해지면 굴곡이 생기는 것처럼, 중력은 우주 공간이 행성 등의 물질로 인해 구부러지기에 발생하는 결과물이다'라는 식으로 사례를 들어 강조했다. 덧붙여 에피소드를 통해 이해를 도왔다.

관행과 기존 인식에 맞선 시대의 천재들은 혁명가이기도 하다. 이들의 업적을 평가할 때 기준점은 바로 독창성이다. 개인적으로도 누누이 강조해 오던 말이니, 이 잣대는 내 글에도 공평하게 적용해야 마땅하다. 그렇다면 내가 글쓰기를 단념해야 할지도 모르겠다. 어찌 번민이 없었겠는가? 그러나 "한 사람이 죽으면 도서관 하나가 사라진다"는 말에 힘을 얻었다. "그래! 놀면 뭐 하냐? 힘 빼고 다시 시작하자." "단순하게 짜깁기하지 말고, 물수제비 뜨는 납작한 돌멩이 정도로는 다듬어 보자." 이렇게 마음을 정하고 나니 이후 과정이 많이 편안해졌다. 이 행복감이 독자들에게 온전히 전해졌으면 좋겠다.

전체적으로 잘 버무려졌는지 모르겠다. 하지만 과학과 미술 어느 한 곳도 소홀히 하지 않으려 노력했다. 두 분야의 의미 있는 연결점을 찾으면서 각각의 글이 독자적인 생명력을 가질 수 있도록 구성했다. 따라서 처음부터 차근차근 읽으면 좋겠지만, 보고 싶은 대목을 골라 보아도 의미 전달에는 무리가 없다. 이제 품 안에 있던 글을 세상으로 내보낸다. 모쪼록 재미있었으면 좋겠다. 이 책을 기회로 과학과 미술에 관한 독자들의 탐구심이 계속 확장되었으면 좋겠다.

2024년 9월

회화의 기원과 기하학

01
회화의 기원
나르키소스

메리시 다 카라바조, 〈나르키소스〉(1599)

열여섯 살 미소년 나르키소스는 많은 여성과 심지어 남성들까지도 사랑을 보냈지만 무관심했다. 특히 숲의 요정 에코는 그에게 실연당해 슬퍼하던 끝에 몸은 사라지고 목소리만 남았다. 무관심도 죄다. 마침내 복수의 여신 네메시스는 나르키소스에게 벌을 내렸다. 어느 날 사냥을 나갔던 나르키소스는 샘물에 비친 자기 모습을 보고 사랑에 빠지고 말았다. 헤어 나오기 어려운 자기애의 시작이었다. 안타깝지만 이루어질 수 없는 사랑이었다. 결국 그는 죽어 수선화가 되었다.

위 그림은 초기 바로크의 대표 화가 미켈란젤로 메리시 다 카라바조(Michelangelo da Caravaggio, 1571~1610)의 〈나르키소스〉다. 카라바조는 천재였다. 그는 결정적인 순간에 현장에 함께 있었던 것처럼 실감나게 그림을 그렸다. 하지만 거칠고 폭력적이었으며, 붓만큼이나 칼을 자주 휘둘렀다. 그가 활동할 당시 로마는 마니에리스모 양식이 지배적이었다. 후기 르네상스 미술 양식으로, 미켈란젤로와 라파엘로의 모사 작품이 대세를 이루었다. 그러나 진부했다. 따라서 가톨릭교회는 종교개혁에 맞서 신도들의 마음을 사로잡을 획기적인 성화 양식이 필요했다. 마침 혜성처럼 나타나 이에 부응한 인물이 바로 카라바조였다. 그는 안니발레 카라치(Annibale Carracci, 1560~1609)와 함께 바로크미술을 이끌었다.

〈나르키소스〉는 이전 회화에서 소홀히 다루었던 어둠을 활용했다. 키아로스쿠로 기법이다. 이어 카라바조는 숲도, 나르키소스를 사랑한 님프 에코도 생략한 채 결정적인 상황에 집중했다. 배경을 모두 검은색 계열로 처리한 것이다. 단순한 빛과 어둠이 아니다. 빛의 변화, 즉 반사각, 흡수, 역광, 그림자

회화의 기원과 기하학

등을 통해 사물의 질감, 촉감, 부피, 나아가 심리 상태까지 다양한 요소를 효과적으로 연출했다. 어둠이 있기에 빛이 더욱 밝게 다가올 수 있다는 사실을 새삼 깨닫게 해주는 테네브리즘(명암대비화법)이라고도 한다. 한마디로 극적이다.

한편 자기애와 관련하여 윤동주 님의 시 〈자화상〉이 떠오른다. 그는 우물에 비친 자기 모습을 측은지심으로 바라보았다. 이 또한 자기애라 할 수 있겠다.

산모퉁이를 돌아 논가 외딴 우물을 홀로 찾아가선
가만히 들여다봅니다.

우물 속에는 달이 밝고 구름이 흐르고 하늘이 펼치고
파아란 바람이 불고 가을이 있습니다.

그리고 한 사나이가 있습니다.
어쩐지 그 사나이가 미워져 돌아갑니다.

돌아가다 생각하니 그 사나이가 가엾어집니다.
도로 가 들여다보니 사나이는 그대로 있습니다.

다시 그 사나이가 미워져 돌아갑니다.
돌아가다 생각하니 그 사나이가 그리워집니다.

우물 속에는 달이 밝고 구름이 흐르고 하늘이 펼치고
파아란 바람이 불고 가을이 있고
추억처럼 사나이가 있습니다.

─1939년 9월

진정한 르네상스인 레온 바티스타 알베르티(Leon Battista Alberti, 1404~1472)는 회화의 기원을 나르키소스에서 찾았다. 흥미로운 사실이다. 그것이 무슨 의미일까? 수면 위에 비친 나르키소스의 환영이 '그림'과 본질적으로 같다는 점을 강조했다. 망막에 맺힌 상은 평면적이지만 뇌의 작용으로 인간은 사물을 입체적으로 해석한다. 그러나 회화는 다르다. 보는 사람이 그림을 현실처럼 느끼게 하려면, 특수한 작도법이 필요하다. 중세 시대에는 내용 전달만으로 충분하여 그 필요성을 느끼지 못하다가, 르네상스 시대에 와서야 이에 부응하는 양식이 등장했다. 이른바 회화의 평면성을 속이고, 착시효과를 유도하는 선원근법이었다.

역설적으로 현대미술은 원근법을 거부하고, 회화가 평면이라는 명제에 충실하면서 시작되었다. 인상주의를 이끈 선구자 에두아르 마네(Édouard Manet, 1832~1883)의 작품이 그랬다. 1863년 프랑스 살롱전에서 낙선한 그의 작품 〈풀밭 위의 점심 식사〉와 〈올랭피아〉는 당시로선 파격이었다. 신화 속 여인이 아니라 실제 인물인 열아홉 살 모델 빅토린 뫼랑의 누드를 옮겼는데, 뭉개놓은 것처럼 대충 붓질했다. 게다가 매춘부로 분장한 그녀의 시선은 정면을 향했다. 당돌했다. 점잖게 그림을 감상하던 남성들이 제 발이 저려 그 시선을 불편하게 여겼다.

그러나 예상했던 세간의 비난과 달리 실제 모습처럼 생생한 착시 효과가 사라지자 오히려 선정성이 훼손되는 결과를 초래했다. 이 말은 거꾸로 〈나르키소스〉처럼 물에 비친 자기 모습을 똑같이 재현하려면, 대상의 수학적 비례가 매우 정확해야 한다는 뜻이기도 하다.

02
비례,
다빈치와 피타고라스

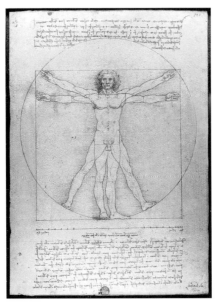

레오나르도 다빈치, 〈비트루비우스적 인간〉(1492)

인체에서 수학적 비례를 잘 보여주는 드로잉이 레오나르도 다
빈치(Leonardo da Vinci, 1452~1519)의 〈비트루비우스적 인간〉
이다. 기원전 1세기경 카이사르와 아우구스투스 시대를 살았

회화의 기원과 기하학

던 고대 로마의 건축가 마르쿠스 비트루비우스 폴리오(Marcus Vitruvius Pollio)의 《건축 10서》를 인용한 작품이다. 로마에서는 순수과학이 외면받았으나 실용적인 수리과학은 독자적인 발전을 이루었다. 《건축 10서》는 얼핏 건축 이론서처럼 보인다. 하지만 과학·기술을 비롯하여 기하학, 철학, 천문학, 지리학, 도시 계획, 기계 등을 망라한 일종의 백과사전이다. 1414년, 르네상스의 발상지 피렌체에서 이 책이 발견되었다. 레오나르도는 그중 기하학적 인체 비율과 관련된 그의 해부도에 관심을 기울였다. 그리고 그저 경험적 수작업이 아니라 관찰과 측정을 동원하여 인체의 이상적 비례를 표현했다.

사람이 누워 키가 14분의 1만큼만 줄어들 때까지 다리를 벌린다. 그리고 팔과 손가락을 반듯이 펴서 머리의 정수리만큼 들어 올리면, 인체의 중심은 배꼽이 된다. 배꼽과 벌린 두 다리 사이에는 정삼각형을 그려 놓을 수 있다. 그리고 들어 올린 손끝에 맞춰 그린 원과, 수평으로 활짝 벌린 팔을 기준으로 정사각형을 만들 수 있다. 이제 정사각형 밑변 모서리에서 배꼽을 지나는 사선 두 개를 긋고, 사선과 원과의 교점을 잡자. 그럼, 정사각형과 원 넓이의 비는 1:1.000373이 된다. 동일하다고 해도 무방한 비율이다. 이로써 고대 그리스의 세 가지 수학 난제 중 하나가 해결됐다. '자와 컴퍼스만으로 원의 면적과 같은 정사각형을 작도하라'는 문제의 해답이었다. 더욱이 놀라운 것은 이를 해결한 사람이 수학자가 아니라 미술가라는 사실이다. 오늘날 레오나르도는 수학자이자 과학자로 인식되고 있긴 하지만 말이다. 인체의 황금비율에는 인간을 소우주로 바라보는 시선이 담겨 있다. 중세 1,000년 동안 신에 가려져 있던 인간의 존엄성과 합리성에 대한 탐구가 르네상스 시대에 다시 부활했다는 방증이다. 여기서 비트루비우스가 건축가라는 점을 강조하고 싶다. 수학적 비례는 건축에서 매우 중요하다. 투시도를 정확하게 구현해야 3차원 건축물을 제대로 완성할 수 있기 때문이다. 이것이 회화에서는 선원근법으로 발전하여 인간의 공감을 받는 혁명적 미술로 탈바꿈했다.

고대 이집트에서는 매년 나일강이 범람했다. 옥토의 지력을 유지해 준다는 측면에서는 매우 고마운 현상이었다. 하지만 땅의 경계가 사라져 이웃간 다툼이 발생했다. 이런 상황에서 정확한 공간 측정을 위해 발달한 학문이 바로 기하학(Geometry)이다. 땅(Geo)과 측량(Metry)의 합성어로 만든 이름이다. 고대 그리스에서는 인간이 지성을 갖추고 합리적 판단을 할 수 있도록 돕는다는 측면에서 기하학이 발달했다. 그중 비례에 관한 본격적인 관심은 철학자 피타고라스(Pythagoras, B.C. 570년경 출생)로부터 출발했다.

하루는 피타고라스가 대장간 근처를 지나가게 되었다. 그때 대장간에서 예사롭지 않은 두 개의 망치 소리가 들려왔다. 망치 두 개의 무게 차이로 인해 발생하는 소리 크기가 규칙적인 비례로 나타나는 것이었다. 그는 망치 무게의 비율이 1:2일

땐 1 옥타브, 2:3일 땐 5도 음정, 3:4일 땐 4도 음정으로 소리가 각각 달라진다는 사실을 발견했다. 현의 길이에서도 같은 물리적인 규칙이 적용된다. 피타고라스는 눈에 보이는 자연의 이면에 수를 질서로 하는 규칙이 존재한다는 사실을 깨달았다.

피타고라스는 지금으로부터 약 2,500년 전인 기원전 6세기, 지중해 사모아섬에서 태어났다. 스승 탈레스를 비롯한 모두가 만물의 근원을 물, 불, 흙 등 눈에 보이는 것에서 찾을 때였다. 하지만 그는 화성(和聲)을 근거로 우주의 질서가 추상적인 수로 이루어진다고 주장했다. 매우 독특한 관점이었다. 그러나 수로 자연을 설명하려는 그의 첫 번째 시도는 조용히 막을 내렸다. 이는 제자 히파소스가 정수로 설명되지 않는 무리수를 발견하면서 촉발됐다. 직삼각형 변의 길이가 각각 1일 때 빗변의 길이는 √2가 답이다. 하지만 피타고라스는 이를 인정할 수 없었다. 그래서 √2가 '이치에 맞지 않는 미친 수'라며, 외부인에게 절대 발설하지 못하도록 했다. 하지만 히파소스는 끈질기게 미친 수의 비밀을 파헤쳤고, 그러던 어느 날 우물에 빠진 시체로 발견되었다. 피타고라스 학회가 종교 집단 오르페우스교로 진화하면서 나타난 경직성 때문이었다.

이후 플라톤이 피타고라스의 관점을 이어받았다. 그는 스승 소크라테스와 달리 큐레네에서 테오도로스에게 기하학을 배웠고, 이탈리아에서는 피타고라스 학파 사람들과 사귀었다.

그는 "신이 기하학자"라고 말했으며, 아카데모스 숲에 아카데미아를 세웠다. 이곳에서는 선, 면, 도형 등 공간의 기하학이 논리와 결합했다. 연역적 추론에 의한 증명이 중요해졌으며, 이러한 형식 체계는 서양 학문 전반에 커다란 영향을 미쳤다. 이곳 학생이었던 유클리드(Euclid, B.C. 330?~B.C. 275?)가 '기하학의 열 가지 공리와 공준이 수학의 시작'이라 선언했다. 그리고 이를 기반으로 그는 눈금 없는 자와 컴퍼스만을 사용하여 명제 456개를 열세 권으로 정리했다. 성경이 나오기 이전 최고의 베스트셀러《원론》이다. 그중 두 권은 피타고라스학회의 업적을 기록하는 데 할애했다.

12세기 영국의 철학자 바스의 아델라드(Adelard of Bath)가 이슬람교도로 변장하여 스페인을 방문, 유클리드의《원론》을 손에 넣었다. 그는《원론》을 유럽으로 가져오자마자 즉시 번역하였으며, 13세기에는 이탈리아 북부 노바라 출신 요하네스 캄파누스가 이를 라틴어판으로 출판했다. 이후 1482년 베네치아에서 다시 인쇄되었다. 그 와중에 1462년, 피렌체에서 플라톤 아카데미가 부활했는데, 인문주의자이자 철학자 마르실리오 피치노가 운영을 맡았다. 이런 학문적 분위기 아래 피렌체에서 활동했던 다빈치의 〈비트루비우스적 인간〉 드로잉이 나타난 것은 결코 우연이 아니었다.

메디치 가문 토스카나 공작의 수학자였던 갈릴레오 갈릴레이(Galileo Galilei, 1564~1642)는 이렇게 말했다.

"우주라는 거대한 책은 수학적인 언어로 쓰여 있다."

모두 맥락을 같이 한 말이다. 오늘날 피렌체는 토스카나주의 주도다. 그 후 한참 세월이 흐른 1890년대 이탈리아 토스카나의 시골 벌판에 머리를 길게 늘어뜨린 채 파비아를 향해 걸어가는 10대 소년이 있었다. 중도에 고등학교를 그만둔 알베르트 아인슈타인이었다.

03
기하학이자 철학,
원근법의 탄생

마사초, 〈예수의 십자가형〉(1426) (왼쪽)
마사초, 〈성 삼위일체〉(1427~1428) (오른쪽)

왼쪽 그림은 〈예수의 십자가형〉이다. 그리고 오른쪽 그림은
피렌체 산타 마리아 노벨라 성당 벽에 그려진 것으로 대중에
게 잘 알려져 있는 〈성 삼위일체〉다. 두 프레스코화 모두 한 사

회화의 기원과 기하학

람, 마사초(Masaccio, 1401~1428)가 그렸다. 1년 남짓한 시차를 두고 그린 그의 두 작품에서 큰 변화가 느껴진다. 미술 기법의 발전 속도가 느렸던 당시로선 그야말로 혁명적이었다. 〈예수의 십자가형〉은 깊이가 잘 드러나지 않아서 평면적이다. 인체 묘사도 매우 어색하다. 해부학적으로 맞을지 모르겠지만, 죽은 예수의 머리를 두 팔을 벌린 가슴 위에 따로 얹어놓은 듯하다. 하의를 벗겨내었다고 가정하여 허리와 십자가에 못 박혀 뒤틀린 다리 모습을 상상해 보면, 부자연스럽긴 마찬가지다. 하지만 이때 역시 마사초는 눈에 보이는 듯이 재현하려고 애썼다.

반면 오른쪽 작품 〈성 삼위일체〉는 조각처럼 입체성이 뚜렷하다. 변화의 원인은 단 한 가지, 멀고 가까운 정도를 수학적 비례에 의해 구현하는 선원근법 때문이다. 물론 색조의 옅고 짙음(대기원근법)이나 차갑고 따뜻한 색(색채원근법)을 활용하거나 의도적으로 크고 작게 그려(의미원근법) 원근을 표현할 수 있다. 하지만 선원근법은 수학적 비례를 통해 평면 위에 거리감과 공간감을 정확하게 표현하는 방법이다. 실제 인간은 망막에 평면적으로 비치는 대상을 3차원으로 받아들여 사물 간 멀고 가까움을 구별한다. 앞을 향해 겹치는 두 눈의 시야와 뇌의 조정 역할에서 비롯된다. 그러나 대상의 입체감을 평면에 똑같이 묘사하는 것은 또 다른 문제다. 선원근법에 관한 지식이 부족하다면, 불가능한 일이다.

원근법은 건축에서 먼저 사용했다. 과학과 공학에 능통했던 필리포 브루넬레스키(Filippo Brunelleschi, 1377~1446)가 피렌체에서 한창 건설 중이던 산 조반니 세례당의 조감도를 작성했다. 그리고 이를 바탕으로 꽃의 성모마리아 대성당의 40년 가까이 묵은 숙제를 해결할 수 있었다. 직경 42미터, 높이 107미터의 거대한 반구형 돔, 쿠폴라를 세우는 문제였다. 이로써 짓기 시작한 지 150년 만인 1436년에 세계 네 번째 규모인 피렌체 대성당을 완공할 수 있었다.

브루넬레스키는 어느 날 30센티 정도의 정사각형 나무판에 피렌체 세례당을 그렸다. 그리고 판 맞은편에 거울을 두고 판 뒷면에 뚫어놓은 구멍을 통해 사람들이 거울에 비친 그림을 들여다보게 했다. 브루넬레스키의 작업 위치에 있는 사람들은 그림이 현실을 완벽히 대신한 모습을 보게 되었다. 하늘은 그리지 않았지만, 그 자리에 은박지를 붙여 마치 진짜 구름인 것처럼 이미지에 생기를 불어넣었다. 이것이 선원근법의 작동 원리다.

그는 1425년 정확한 원근법을 구사하는 데 필요한 수학적 방법을 체계화했다. 그리고 조각가 도나텔로, 화가 마사초 등 다른 예술가들에게 방법을 가르쳐 주었다. 회화에서 원근법은 건축의 투시도와 같은 원리다. 3차원 입체 세계를 2차원 평면으로 옮기는 작업이다. 원근법을 최초로 다룬 레온 바티

회화의 기원과 기하학

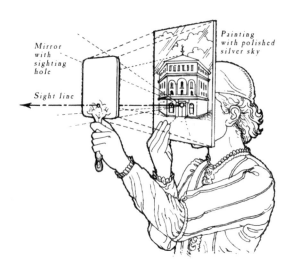

브루넬레스키의 원근법 상상도

스타 알베르티(Leon Battista Alberti, 1404~1472)의《그림에 관하여(회화론)》가 1435년에 출간되었다. 인문학자이기도 한 그역시 화가이자 건축가였다. 마사초는 이후 다른 데는 전혀 관심을 두지 않았다. 오로지 원근법에 매몰되었다. 그렇게 해서일군 발전이 바로 〈성 삼위일체〉였다. 길이와 폭만 담던 그림속 반구형의 천장에 공간이 추가되면서 깊이가 생겼다. 소실점을 형성하여 밑으로 들어갈수록 점점 좁아져서 마치 담벼락을 뚫은 것처럼 보인다. 미켈란젤로의 제자이자 최초의 미술사학자 바사리는 이렇게 말했다.

"이전의 그림을 단순하게 그린 것이라고 한다면, 마사초의 작품은 생명이 넘쳐흐르고 진실성이 있으며 자연 그대로를 묘사한 것이라고 하겠다."*

원근법은 이후 500년 동안 서구 회화의 기초가 되었다. 그러나 마사초는 스물여덟 살에 세상을 등졌다. 브루넬레스키가 "마사초를 잃어버린 것은 비할 데 없는 큰 손실이다"라며 슬퍼했다. 신이 내려준 화가 미켈란젤로(Michelangelo Buonarroti, 1475~1564)가 그의 그림을 모사하며 공부했다. 그리고 1512년, 20미터 비계 위에 누워 하루에 열여덟 시간씩 작업한 지 4년 6개월 만에 〈시스티나 성당 천장화〉(1508~1512)를 완성했다. 500제곱미터가 넘는 공간에 천지창조 첫날부터 노아가 술 취한 장면까지 인간이 타락에 이르는 과정 아홉 폭을 포함, 모두 서른세 개 부분으로 구성했다. 서른일곱 살 미켈란젤로는 뚝뚝 떨어지는 안료로 인해 '얼굴이 모자이크 마룻바닥처럼 헌 상태**'에서 한쪽 눈이 실명 직전까지 갔고, 척추가 비틀어져 걸음걸이도 흔들거렸다. 가히 초인적인 의지로 완성한 작품이었다.

* 조르조 바사리의 《르네상스 미술가 평전》 참조
** 로맹 롤랑의 《미켈란젤로의 생애》 참조

회화의 기원과 기하학

미켈란젤로, 〈요나〉(1512)

바사리는 그의 작업 중 〈요나〉가 위대함의 정점이자 천재성의 축소판이라고 말했다. 천장은 평면이 아니다. 굴곡이 있다. 미켈란젤로는 벽면에 그린 그의 또 다른 작품 〈최후의 심판〉(1534~1541) 바로 위, 두 개의 삼각 궁륭에 접한 공간이자 한쪽 끝이 잘린 약간 둥그스름한 세모꼴 오목한 표면에 선지자 요나를 그렸다. 콘디비를 비롯한 동료 화가들은 놀라움을 금치 못하고 이렇게 찬탄했다.

"안쪽으로 향한(먼 것처럼 보이는) 상체가 보는 사람의 눈에서 가장 가까운 곳에 있고, 바깥으로 뻗은 두 다리가 (오히려) 눈에서 가장 먼 곳에 있다."

원근법 작도를 통해 공간의 안팎이 바뀐 것처럼 보이는 착시 효과를 유도한 데 따른 경탄이었다. 원근법은 '우주로 가는 비밀 열쇠'인 기하학을 기반으로 성장했다. 덕분에 르네상스 시대에 이르러 미술은 학문으로, 장인은 예술가로 신분 상승했다. 이후 미술가는 비로소 장인조합의 강제적이고 수공업적인 생산 양식에서 벗어나 창작의 경지로 들어설 수 있었다.

한편 원근법은 그간 지배적 위치에 있던 유클리드 기하학을 무너뜨리는, 즉 비유클리드 기하학의 출발점으로 작용했다. 그 자세한 배경은 르네 마그리트에게 물어보자.

회화의 기원과 기하학

04
르네 마그리트와
비유클리드 기하학

르네 마그리트, 〈유클리드의 산책〉(1955)

벨기에의 초현실주의 화가 르네 마그리트(René Magritte, 1898~1967)의 〈유클리드의 산책〉이다. 창문 밖 풍경을 담았다. 그의 대표작 〈인간의 조건〉(1933)과 같은 구성이다. 이젤 위에 놓인 그림과 창문 밖 풍경을 중첩하여 원근법과 함께 회화의 평면성을 나타냈다. 그런데 마그리트는 왜 제목에서 고대 그리스의 수학자 유클리드(Euclid, B.C. 330?~B.C. 275?)를 소환했을까?

피타고라스 철학은 플라톤으로 이어졌다. 그리고 기원전 386년 아테네에는 플라톤 아카데미가 세워졌다. 아카데미아 입구 현판에는 이렇게 쓰여 있었다고 한다.

"기하학을 모르는 자는 이곳에 들어오지 말라."

아카데미에서는 선, 면, 도형 등으로 이루어진 기하학을 중요하게 생각했다는 사실을 알 수 있다. 이곳에서 공부한 유클리드가 《원론》을 썼다. 책은 1,000판 넘게 발행되며 베스트셀러가 되었다. 유클리드는 증명 없이 받아들이는 다섯 개의 가설을 제시했다. 이를 공준(혹은 공리)이라 한다. 기하학의 출발점으로, 이 가설로부터 나머지 결론이 유도된다. ①임의의 두 점은 하나의 직선으로 연결된다. ②임의의 유한한 선은 무한히 연장될 수 있다. ③임의의 중심점과 임의의 반지름을 가진 원을 그릴 수 있다. ④모든 직각은 합동이다. 마지막, 평행선 공준이 중요하다. ⑤두 직선이 다른 한 직선과 만나 이루는 두 동측내각(同側內角)의 합이 두 직각보다 작다면, 이 두 직선을 무한히 연장할 때, 그 두 동측내각과 같은 쪽에서 만난다.

회화의 기원과 기하학

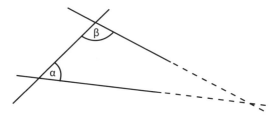

삼각형 공준

도표처럼 동측내각이 $\alpha + \beta < 180$도라면, 두 직선은 이 두 각과 같은 쪽에서 만난다는 뜻이다. 이 공준과 맥락이 같아 동일한 결과를 가져오는 명제(동치, 同値)는 여럿 있다. 글의 진행에 도움이 되는 두 가지만 소개하자면, "주어진 직선 밖 한 점을 지나는 그 직선의 평행선은 오직 하나만 존재한다"와 "모든 삼각형의 내각 합은 180도이다"를 들 수 있다.

르네 마그리트는 〈유클리드의 산책〉에서 평행선 공준을 부정하려 했다. 이를 위해 창밖에 탑과 큰길 모두 삼각형 형태로 나란히 배치했다. 실제 원뿔형 탑은 그림처럼 그 끝이 꼭짓점으로 모인다. 하지만 오른편 큰길이 실제로는 평행선을 이루는데도, 그림에서는 탑의 꼭짓점처럼 서로 만나는 것으로 묘사했다. 한마디로 유클리드 기하학의 왜곡이다. 하지만 이것이 마그리트의 잘못은 아니다. 창문에 투사된 풍경을 눈에 보이는 그대로 캔버스에 담았을 뿐이다. 실제 도로는 직선이 아니라 높낮이가 있는 곡선이기 때문이다. 지구 표면이 휘어져 있기에 나타날 수밖에 없는 곡률이다. 따라서 "(현실에서) 모든 평행선은 결국, 무한원점에서 만난다"고 결론지을 수 있다.

〈유클리드의 산책〉은 역설적으로 비유클리드 기하학인 사영기하학의 출현을 설명한다. 사영(射影)은 물체가 투사하는 그림자를 뜻한다. 정사각형도 눈의 위치에 따라 사영의 단면은 사다리꼴, 마름모꼴 등 다른 모형으로 나타날 수 있다. 이것을 모두 같은 도형으로 간주하는 입장이 사영기하학이다.

공중에 매달린 원기둥을 상상해 보자. 밑에서 수직으로 원기둥에 빛을 쏘면, 천장에 원의 그림자가 나타날 것이다. 그러나 옆에서 빛을 쏘면, 사각형 그림자가 된다. 같은 3차원 원기둥인데도 빛의 방향에 따라 평면에는 다른 모양이 구현되는 것이다. 이 같은 선원근법의 정수가 바로 사영기하학이다.

비유클리드 기하학이라고 하면, 유클리드 기하학이 기본을 이루고 나머지는 예외적인 영역이라는 인상을 준다. 그러나 현실에서는 완벽한 평면이란 존재하지 않기에 비유클리드 기하학이 주류다. 심지어 우주 공간도 휘어졌다. 중력 때문이다. 공간이 오목하거나 볼록하기에 측지선*이 움직여 삼각형 내각의 합이 180도보다 크거나 작아진다. 앞에서 말했듯이 삼각형

---

* 측지선(測地線): 곡면 위 또는 공간 내에서 두 점을 연결하는 선 중에서 길이가 극소인 것

회화의 기원과 기하학

공준은 평행선 공준과 동치다. 평행선을 긋고 동위각과 엇각을 통해 삼각형 내각의 합이 180도임을 증명한다. 따라서 180도보다 크거나 작다면, 이 역시 평행선 공리가 무너진 현상이다. 1813년, '수학의 왕자' 카를 프리드리히 가우스(Carl Friedrich Gauss, 1777~1855)가 브로켄산, 호헤하겐산 그리고 인젤베르크산이 이루는 삼각형 세 각을 측정했다. 180도보다 15초(秒) 더 컸다. 훗날 일반상대성이론을 도왔던 리만 기하학 역시 공간의 곡률을 다룬 비유클리드 기하학이었다. 베른하르트 리만은 바로 가우스의 제자다.

피렌체의 브루넬레스키는 건축물의 투시도를 그릴 때 선원근법을 사용했다. 부지불식간에 사영기하학을 이용한 것이다. 또한 마사초가 브루넬레스키에게 배운 원근법을 회화에 적용했으니, 미술이 1,500년을 지배했던 유클리드 기하학에 균열을 일으켰다는 의미다. 후대에 와서는 카메라 옵스큐라가 사영기하학을 대신했다. 하지만 수학에서는 사영기하학이 18세기에 와서야 자리를 잡았다. 프랑스 수학자 퐁슬레(Jean Victor Poncelet, 1788~1867)의 저서 《도형의 사영적 성질의 이론》이 나온 후 사영기하학은 수학의 중요한 연구 영역으로 발전했다. 따라서 비유클리드 기하학은 미술에서 먼저 등장했다고 결론지을 수 있다. 결국 마그리트가 이 그림을 통해 표현하고자 하는 것은 유클리드 기하학의 위기다. 이제 작품 속 큰길 중앙을 자세히 들여다보자. 두 사람이 보인다. 그중 한 명은 분

명 유클리드일 것이다. 그렇다면 지금 그는 한가롭게 산책할
만한 입장이 아니라고 생각한다.

05
메디치 가문과
자연철학의 부활

베노초 고촐리, 〈동방박사의 행렬〉(1459~1461)

르네상스 초기 화가 베노초 고촐리(Benozzo Gozzoli, 1420~
1497)는 메디치궁전 내진 벽면에 예수 탄생과 관련된 일화를,
예배당에 종교화 형식을 빌려 메디치 가문의 역사화를 그렸

다. 바로 〈동방박사의 행렬〉이다. 1439년 피렌체 공의회를 상징한 그림 속 동방박사 세 명은 콘스탄티노플 총대주교 요셉과 비잔틴 황제 요한 팔레올로고스, 마지막으로 메디치 가문의 열 살밖에 안 된 로렌초를 나란히 대입했다. 로렌초가 메디치 가문의 후계자임을 대외적으로 명확하게 선언한 구성이다.

동방박사 뒤에는 수행원들이 따른다. 피렌체는 물론 비잔틴 인문학자들이 포함되어 있으며, 무리를 이끄는 인물은 국부 코시모를 비롯한 메디치가 사람들이다. 고촐리는 각 인물의 의상과 업적, 취향까지 상징적으로 드러나도록 세심하게 작업했다. 프라 안젤리코의 제자였던 그는 이 작품을 통해 도시국가 피렌체에서 메디치 가문 역할을 상징적으로 드러냈으며, 르네상스 초기의 생활상을 생생하게 전했다.

코시모 데 메디치(Cosimo de' Medici, 1389~1464)는 피렌체에 플라톤 아카데미를 세우고, 고대 그리스어 서적을 라틴어로 번역하여 학자들과 함께 읽고 토론하기를 즐겼다. 알다시피 플라톤은 동굴 속에서 바라보는 우리의 현실이 이데아의 그림자에 지나지 않는다고 설파했다. 이것은 '본질이 무엇이냐?'라는 문제를 다투는 관념론으로, 그 기반엔 논증의 기하학이 있다. 고대 이집트에서 발달한 기하학은 신의 지혜로 작동했다. 당시 이집트인들은 "이집트 문명은 나일강이 준 선물"이라고 했다. 하지만 해마다 일어나는 홍수로 인한 범람 문제가 해결되지 않는다면 이를 선물이라 할 순 없었다. 따라서 홍수 시작 시기를 정확하게 예측하고, 범람에 따른 농토를 다시 구획하고 정리하며, 운하를 파고 둑을 쌓고 수문을 만드는 토목사업을 해야 했다. 그러니 신으로서 파라오에게 기하학이란 절대적인 지배 수단일 수밖에 없었다. 오늘날에도 자연에 질서가 있고 구성 부분 간 상호 관계가 있다고 받아들인다면, 수학은 매우 유용한 도구가 된다. 그중 참과 거짓을 가리는 기하학은 합리성 측면에서 서구인의 사고체계에 지대한 영향을 미쳤다. 따라서 기하학을 기반으로 하는 원근법은 미술의 작도법 그 이상, 즉 철학적 기능까지 수행했다.

반면 강성했던 고대 로마, 특히 서로마 지역에서 기하학은 실용성 외 자연철학적 측면에서 크게 환영받지 못했다. 그러나 인류 문명은 무언가로 대체할 수는 있지만 단절할 순 없는 법이다. 따라서 기하학의 빈자리는 이슬람 문명이 대신 채웠다. 이슬람 세력은 642년 비잔틴 제국의 도시 알렉산드리아를 점령했고 시리아, 페르시아 그리고 인도까지 영토를 확장했다. 이후 그들은 바그다드에 설립한 '지혜의 전당'을 중심으로 고대 그리스의 자연철학을 수집, 연구했다. 후나인 이븐 이스하크와 타비트 이븐 쿠라가 그리스 원전을 아랍어로 번역하면서 과학의 전성기를 이끌었다.

마침내 아리스토텔레스의 자연철학을 연구하던 철학자이자 의사인 이븐 시나(Ibn Sina, 980~1037)가 《의학전범》을 집필했다. 이븐 알하이삼(Ibn al-Haytham, 965?~1039)이 쓴 《광학의 서》는 1270년에 라틴어로 번역되어 베이컨, 케플러 등 유럽 학자에게 큰 영향을 미쳤다. 그는 인간의 눈이 광선을 내보내 사물을 본다는 지배적인 생각을 뒤집어, 물체가 반사한 광선이 눈에 들어오기 때문에 인간이 사물을 보는 것이라고 밝혔다. 한편 이슬람권에서는 북인도의 수 체계인 십진법을 적극적으로 수용함으로써 로마식의 불편한 표기법을 대체했다. 오늘날 '0'의 개념은 인도에서 만들었다. 0은 자릿수가 되어 계산을 간편하게 도왔다. 무한히 많은 수를 조합할 수 있었으며, 양수와 음수의 개념을 탄생시켰다. 아랍인들은 8세기부터 12세기에 이르기까지 인도의 숫자 체계를 아라비아 숫자로 변환하여 수 개념을 대중에게 전파했다.

11세기 말부터 13세기 말까지 총 열세 차례 십자군 원정이 진행되면서 동서 교역이 활발해졌다. 이때 유럽으로 들여온 대수학은 수학과 과학은 물론 모든 학문의 기초를 이루었다. 이 시기의 문화 번성을 12세기 르네상스라 부르는 까닭이다. 이어 비잔틴 제국이 멸망에 이르는 과정에서 그곳의 서책이 유럽 대륙으로 대거 쏟아져 들어왔다. 그러자 아랍이 가져갔던 수학의 중심이 다시 유럽으로 옮겨 갔다. 14~16세기 르네상스의 개막이었다. 당시 대륙의 길목이던 이탈리아반도 내 강성했던 도시국가 중에서는 피렌체와 베네치아공화국의 움직임이 활발했다. 특히 피렌체에서는 상업과 금융업으로 부를 쌓은 평민 출신의 신흥 시민계급인 메디치 가문이 르네상스를 주도했다.

르네상스는 부활을 뜻한다. 무엇의 부활이냐? 고대 그리스 인본주의 문화의 부활이다. 지금의 그리스 지방에 한정하지 않고 이집트, 소아시아, 이탈리아 등 지중해 연안 지방에 퍼진 문화 일반이 르네상스다. 그중 피렌체 르네상스는 문학이 앞섰으나 미술이 꽃을 피웠다. 중세의 미술은 인간의 이성에 부합하는 사실적인 묘사가 필요 없었다. 그림은 신에게 바치는 것이며, 미술은 달을 가리키는 손가락 정도로 취급했다. 그러니 미술은 메시지만 전달되면 그것으로 충분하다고 여겼다. 오히려 미술이 신자에게 감동을 선사했다가 우상 숭배로 이어질 경우를 경계했다. 오늘날 이러한 경향은 동방 정교의 이콘과 이슬람 세밀화에서 여전히 드러난다. 이콘은 누가 그려준 그림이 아니라 신이 드러낸 성물 아케이로포이에타(Acheiropoieta)*로 불린다. 오르한 파묵이 쓴 소설 《내 이름은 빨강》을 보면, 베네치아 미술에서 영향을 받은 이스탄불 세밀화가의 번민을 확인할 수 있다.

하지만 로마 교회는 생각이 달랐다. 문맹인 라틴 신도의 신심을 고취하는 효과적인 수단으로 미술이 필요했다. 문맹인

---

*   손으로 그리지 않은 그림

그들에게 그림이나 조각은 글자를 대신했다. 이런 관점에서 보면, 르네상스 미술의 원근법은 이탈리아반도의 문화적 발전을 이끌었다고 볼 수 있다. 과장이 아니다. 직관에서 벗어나 이성이 납득할 수 있는 이미지로 계몽을 선도했기 때문이다. 그리고 수학을 기반으로 한 설득력 있는 논리 체계는 주술적 자연관에서 벗어나 합리적인 자연철학의 발전을 가져왔다. 대표적인 사례가 지동설이다. 도미니코회의 수도사 조르다노 브루노(Giordano Bruno, 1548~1600)와 갈릴레오 갈릴레이가 이탈리아 출신이다. 그리고 지동설에 최초로 불을 댕긴 폴란드인 코페르니쿠스가 이탈리아 볼로냐 대학에서 학문을 닦았다. 당시 대학은 방대한 양의 지식을 정리하여 연구하기 위해 세워졌는데, 유럽 최초의 대학이 바로 볼로냐 대학이었다. 학생들은 전공과목으로 들어가기 전 자유 학예를 이수해야 했다. 여기엔 산술, 기하학, 천문학이 포함되었다. 하지만 르네상스 이후 자연 탐구의 근저에는 신학적 동기가 작동했음을 미리 밝혀둔다. 당시 사람들은 자연을 신이 인간을 위해 준비한 제2의 성경이라고 인식했다. 따라서 자연철학자는 신이 인간에게 부여한 특별한 사명에 충실했기에, 신앙과 자연철학이 서로 충돌하는 개념이라기보다 두 가지가 융합과 조화를 이루는 것으로 인식했다.

06
베네치아 미술과
노름꾼들의 수학

파올로 베로네세, 〈레비카의 잔치〉(1573)

16세기 베네치아는 오스만 튀르키예 제국으로부터 지중해 무역권을 보장받은 해상 강국이었다. 그곳은 상인 엘리트들이 지배하는 부르주아 귀족정치가 견고하게 구축되어 있었다. 상술이 뛰어난 그들은 셈과 두뇌 회전이 빨랐다. 종교에 있어서도 생각이 자유로웠다. "성경은 믿지만, 교황은 따르지 않는다"라는 말이 있을 정도였다. 그들은 '그리스도교도이기에 앞서 베네치아인*'이었다. 그 힘을 단적으로 보여주는 그림이 파올로 베로네세(Paolo Veronese, 1528~1588)의 〈레비가의 잔치〉다.

원래 작품명은 〈최후의 만찬〉이었다. 하지만 베로네세가 성서의 에피소드와 관련이 없는 궁정 생활을 생생하게 대입했다. 그러다 보니 불경스럽다고 인식되던 동물이나 아랫것들도 종교화에 포함되어 있었다. 그러나 당시는 반종교개혁 초기로, 교회를 위해 일하는 예술가에게도 엄격한 태도를 요구할 때였다. 종교재판소에서 베로네세를 이단 혐의로 소환하여 그림에 50명이 넘는 인물을 넣은 이유를 해명하라고 요구했다. 그는 창작의 자유를 주장하며 "우리 화가들은 시인과 미치광이들이 가진 것과 동일한 허기증(상상력)을 지니고 있다"고 대꾸했다. 매우 당돌한 태도였다. 다행히 이단 혐의를 벗고 풀려난 베로네세는 내용 대신 제목을 바꾸면서 불편한 속내를 드러냈다.

사실 계산술은 고대 그리스에서 하찮은 기술, 로지스티케

* 시오노 나나미의《십자군 이야기》참조

라고 불렸다. 그래서 '고상한 수학'인 기하학에 밀려 아랫사람이 계산술을 맡았다. 이런 풍토는 소위 전문직을 만드는 계기가 되었고, 그중 연산 능력이 뛰어난 사람은 대접을 받는 분위기로 이어졌다. 16세기에 이르러서도 유럽 사회는 복잡한 회계 문제를 처리해야 하는 상인과 사업가가 계산술에 밝은 사람을 경쟁적으로 모셔 갔다. 이탈리아에서는 이들을 코시스트(cosists)라고 불렀다. 코사(cosa), 즉 물건을 뜻하는 단어에서 유래했다. 그들의 계산 능력은 상품성으로 연결되었으며, 수학적 비밀이 곧 현금이 되는 시대였다. 따라서 코시스트 간 서로 능력을 겨루는 실력대결이 잦았다.

1534년 이탈리아 북부 브레시아 출신 가난한 수학자 니콜로 타르탈리아(Niccolo Tartaglia, 1499~1557)가 큰 꿈을 품고 무역 도시 베네치아에 도착했다. 그는 독학으로 쌓은 수학 실력을 유감없이 발휘하여 명성이 자자해졌다. 그러자 이듬해 베네치아 토박이인 안토니오 마리아 피오르가 공개적으로 그에게 3차 방정식 풀기를 시합하자고 도전했다. 피오르는 내심 자신만만했다. 볼로냐 대학 수학교수인 시피오네 델 피로로부터 3차 방정식의 해법을 전수받았기 때문이다. 그는 타르탈리아에게 풀기 어려운 문제 서른 개를 던졌다. 그러나 결과는 더 실용적이며 극적인 풀이를 갖고 있었던 타르탈리아의 압도적 승리로 끝났다. 타르탈리아는 베네치아에서 독보적인 위치를 확보했다.

이때 등장하는 인물이 밀라노의 지롤라모 카르다노 (Girolamo Cardano, 1501~1576)다. 그는 변호사이자 파비아 대학에서 기하학을 가르쳤던 아버지 파치오에게 수학과 점성술을 배웠다. 카르다노는 철학자이자 의사 그리고 수학자였지만, 전문 도박꾼이기도 했다. 사생아인 그는 의과 대학에서 자신을 외면하자, 생계를 위해 도박으로 눈을 돌렸다. 그러던 중 카르다노는 타르탈리아의 평판을 듣고 찾아가 3차 방정식의 풀이를 알려달라고 감언이설로 꾀었다. 결국 타르탈리아는 비밀 보장을 단단히 다짐받고 카르다노에게 자신의 풀이를 가르쳐 주었다.

하지만 6년 후 카르다노는 《아르스 마그나》를 출판해 그 비밀을 공표했다. 이를 오늘날의 사람들은 근대 수학의 출발점으로 일컬었다. 타르탈리아는 격분하여 그와의 관계를 끊었다. 그리고 1년이 채 지나지 않아 《다양한 질문과 발견》을 출간하여 카르다노를 비난했다. 그럼에도 분노와 번민을 못 이긴 그는 끝내 세상을 등졌다. 상도의를 벗어난 카르다노는 당시 주변으로부터 엄청난 비난에 시달렸다. 하지만 카르다노는 책에서 이미 타르탈리아에게 감사의 뜻을 표한 바 있었다. 그리고 3차 방정식의 최초 발견자는 피오르의 스승 델 피로였다. 타르탈리아가 자신의 고유한 비법이라고 주장할 처지가 아니었던 것이다.

반면 카르다노의 하인이자 훗날 제자가 되는 루도비코 페라리(Lodovico Ferrari, 1522~1566)는 피오르와 달랐다. 1548년 8월, 밀라노의 한 성당 내 수많은 군중이 보는 앞에서 페라리는 타르탈리아와 실력 대결을 벌여 승리했다. 승부 결과는 카르다노의 방정식이 타르탈리아의 것과 동일하지 않았고, 더 쉽고 더 간단한 방법으로 응용했다는 사실을 웅변했다. 뿐만 아니라 페라리는 이후 해를 더욱 발전시켜 4차 방정식을 푸는 방법까지 제시했다. 제자의 활약으로 명예를 지킨 카르다노는 1633년 확률 게임에 관한 책《리베르 데 루도 알레아이》를 출간했다. 이로써 그는 수학에서 세계 최초로 확률을 이해하고 연구한 인물로 평가받았다. 경우의 수를 따지던 도박꾼이기에 가능했던 성과로 보이기도 한다. 그러나 이때만 해도 그는 자신의 명성이 후세에도 이어질 줄은 꿈에서도 눈치채지 못했다.

한편 카르다노는 대수학 교과서를 쓰던 중에 새로운 수와 맞닥뜨렸다. 너무 당황한 나머지 그것을 "무용할 정도로 미묘하다"며 무시하고 넘어갔다. 1572년에 라파엘 봄벨리가 찾아낸 허수가 바로 그것이었다. 제곱하여 -1이 되는 수로, 복소수 i로 표기한다. 허수는 매우 난해한 개념이다. 18세기에 들어서서 수학자들이 비로소 이해했고, 19세기에야 마음 편히 이 개념을 받아들였다. 카르다노의 말과 달리 허수는 전혀 무용하지 않은 것이었다. 허수는 오늘날 수학과 과학 전반에 없어서는 안 될 존재이며 파동, 열, 전기 및 자기 현상과 양자역학의 수학적 기초가 되었다.

예술과 과학의 유용성

07
예술과 과학에서
쓸모란?

조르주 드 라 투르, 〈참회하는 막달라 마리아〉(1638~1640)

17세기 프랑스의 장르화가 조르주 드 라 투르(Georges de La Tour, 1593~1652)의 〈참회하는 막달라 마리아〉다. 구성이 단조롭다. 하지만 존경하는 카르바조의 영향을 받은 그는 어둠과 양초가 빚어낸 빛을 잘 배비했다. 수지로 만든 양초의 그을음, 해골의 입체감 등 세밀한 묘사가 돋보였다. 바니타스(허무) 정물화로, 해골과 타들어 가는 촛불이 그 은유이다. 그림 속 막달레나는 인생의 덧없음을 깨닫고 믿음의 삶을 살아가기로 결심하는 듯하다.

라 투르는 루이 13세의 각별한 애정을 받은 궁정화가였다. 그는 큰 명성을 떨쳤는데도 비교적 알려지지 않다가 20세기 초에 이르러 재발견되었다. 이유는 여럿일 수 있다. 먼저 화려하고 웅장한 시대에 명상이란 주제는 너무나 연약했다. 또한 30년 전쟁으로 그의 작품 상당수가 사라져 버렸다. 참고로 30년 전쟁은 독일 지역을 중심으로 가톨릭과 개신교 국가 간 벌어진 유럽 최초의 국제전이었다. 이때 프랑스는 가톨릭 국가인데도 신성로마제국을 견제하고자 개신교 연합으로 참전했다.

그러나 라 투르가 세월에 묻혔던 주된 원인은 작품이 주는 이미지와 정반대인 그의 악행 때문으로 추정된다. 제빵사의 아들로 태어난 그는 귀족의 딸과 결혼하여 공방을 차렸고, 상당한 재력가가 되었다. 하지만 이후 주먹을 휘두르는 고리대금업자가 되어 서슴없이 하인에게 도둑질을 시켰다. 그러자 민심이 등을 돌렸다. 그에게 예술은 돈벌이 수단에 불과했을까?

신화로 소통하던 시대에 인간의 이성으로 자연을 관찰한 탈레스(Thales, B.C. 624?~545?)에게 자연철학은 어떤 의미였을까? 철학의 아버지이자 수학자 그리고 천문학자였던 탈레스는 "만물의 근원은 물이다"라고 규정했다. 물은 모든 생명체에게 절대적이며 액체(물), 고체(얼음), 기체(수증기)로 상변화하기에 모든 자연현상의 근원이라는 주장이었다. 오늘날 관점에서 보면, 과학적이지 않다. 하지만 "만물이 무엇으로 구성되어 있는가?"라는 질문은 과학적으로도 매우 훌륭했다.

탈레스는 고대 그리스 식민지 이오니아 지방의 밀레투스(오늘날 튀르키예령)에서 나고 자랐다. 밀레투스는 천혜의 항구 도시로, 당시 식민지만 약 아흔 개에 해외 상관이 있을 정도로 상업이 번창한 곳이었다. 당시 상인은 철학을 현실과 동떨어진 학문이라고 여기는 경향이 있었다. 실제 탈레스는 밤에 달을 관측하다 우물에 빠져 놀림을 받기도 했다. 그는 철학이 현실에서도 유용하다는 점을 강조하고 싶었던 것 같다. 상인이기도 했던 그는 어느 날 올리브유를 짜는 흡착기를 모두 사들였다. 올리브 풍작을 예상하고 한 행동이었다. 그리고 그의 예상은 적중했다. 사람들은 탈레스의 흡착기를 이용하지 않고는 기름을 짤 수 없었다. 그는 큰돈을 벌었다. 오늘날에는 이를 사재기라고 일컬을지 모르겠지만, 당시로선 과학적 추론의 결과였다. 그는 그 후 더 이상 흡착기를 독점하지 않았다. 자신의 역량을 한 번 보여준 것으로 이미 충분했다.

탈레스는 다시 깊은 사색에 빠졌다. 그리고 거대한 피라미드의 높이를 막대기 하나로 알아맞혔고, 달이 지구와 태양의 중간에 서면 일식이 일어난다는 사실을 관측했다. 기원전 585년 5월 28일 다가오는 일식 날짜를 정확히 예측하면서, 메디아와 리디아의 싸움이 이로 인해 끝난다고 예언했다. 실제 두 나라의 장수는 일식 때문에 태양이 빛을 잃자, 신의 노여움을 두려워하여 전쟁을 멈추고 군대를 철수했다. 이 이야기를 통해 돈이 중요하지 않다고 말하려 함이 아니다. 누군가에겐 더 중요한 가치가 사유의 기쁨이나 배움에 있다는 뜻이다.

유클리드는 엄격한 학자이면서도 자만하지 않았다. 더없이 공정했으며, 고등 수학에 조금이라도 능력을 보이는 사람들에게 언제나 호의적이었다. 그랬던 그가 "기하학을 이해하여 얻는 것이 무엇입니까?"라고 묻는 제자에게 뜻밖의 반응을 보였다. 유클리드는 하인을 불러서 "그 사람에게 동전 하나를 갖다주어라"라고 말했다. 배움으로부터 반드시 이득을 보아야 한다고 믿는 사람을 향한 그의 조롱이었다. 그러나 이런 종류의 질문은 역사에서 계속 반복됐다. 19세기 위대한 물리학자 맥스웰은 "전기가 무슨 소용이 있습니까?"라는 질문을 받았다. 전기가 지금처럼 일상생활에 밀접해진 시대가 아니었기에 나온 질문이었다. 맥스웰이 답변했다.

"글쎄요. 그건 잘 모르겠습니다. 하지만 영국 정부에서 곧 전기에다 세금을 부과할 건 확실합니다."

양자역학이 나왔을 때도 비슷한 질문이 있었다. 심지어 영국의 톰슨(Joseph John Thomson, 1856~1940)은 전자를 발견하고도 이것이 아예 쓸모없다고 생각했다. 세상에는 돈보다도 호기심에 이끌려 제 길을 가는 사람이 많다. 그들은 문제를 해결했다는 만족감에서 삶의 가치를 확인한다. 그 열정은 마치 구도자의 자세와 같다. 영국의 저명한 수학자 고드프리 해럴드 하디(Godfrey Harold Hardy, 1877~1947)는 인도의 천재 수학자 라마누잔을 발굴했다. 저서 《어느 수학자의 변명》에서 그는 "현실적인 기준에서 볼 때 수학에 매달려 살아온 내 인생의 가치는 한마디로 무, 그 자체였다"라고 당당하게 말했다.

그리고리 페렐만(Grigori Yakovlevich Perelman, 1966~)은 2002년 앙리 푸앵카레가 제시한 추측을 증명했다. 100년 가까이 해결하지 못한 밀레니엄 문제 중 하나였다. 페렐만의 증명 역시 엄청나게 어려워, 한 문장을 이해하는 데 며칠이 걸린다고 한다. 하지만 그는 존경받는 스탠퍼드 대학교와 프린스턴 대학교 교수직을 고사하며, 스테클로프 수학연구소 연구직으로 남았다. 구경거리가 되기가 싫다며 각종 상을 거부한 것으로도 유명하다. 2006년에는 수학의 노벨상이라 불리는 필즈상의 상금을 거부했다. 무려 100만 달러에 달하는 금액이었다.

그는 거부 이유를 이렇게 설명했다.

"100만 달러보다는 우주의 비밀에 더 관심이 있기 때문이다."*

---

*   이언 스튜어트의 《대칭의 역사》 참조

08
신탁과 점성술
그리고 천문학

도미니크 앵그르, 〈스핑크스의 수수께끼를 설명하는
오이디푸스〉(1808~1829) (왼쪽)
귀스타브 모로, 〈오이디푸스와 스핑크스〉(1864) (오른쪽)

도미니크 앵그르(Jean Auguste Dominique Ingres, 1780~1867)의
〈스핑크스의 수수께끼를 설명하는 오이디푸스〉와 귀스타브
모로(Gustave Moreau, 1826~1898)의 〈오이디푸스와 스핑크스〉

다. 두 작품 모두 스핑크스가 오이디푸스에게 "아침에 네 발로, 점심에는 두 발로, 저녁엔 세 발로 걷는 것이 무엇이냐?"라는 유명한 질문을 던지는 장면이다. 그러나 프랑스 신고전주의와 상징주의를 대표하는 두 화가의 작품은 구성에서 차이를 보인다. 왼쪽 앵그르의 작품에서 스핑크스는 작은 크기의 조연에 그쳤다. 하지만 모로는 스핑크스를 오이디푸스와 대등한 크기로 그렸다. 몸은 사자이지만 머리가 사람인 스핑크스 역시 힘과 더불어 지혜를 상징하기 때문이다.

오이디푸스의 불행은 신탁에서 감지되었다. 자신을 낳아준 어머니와 결혼하고, 아버지 라이오스를 죽이게 된다는 신탁이다. 오이디푸스는 애써 신탁을 피해보려 하였다. 하지만 결국 신탁은 맞아떨어졌고, 그는 비극의 주인공이 되었다. 이렇듯 고대 그리스인들은 신탁을 운명으로 받아들였다. 불투명한 미래를 예지할 능력이 부족했던 당시, 인간의 연약함을 인정한 믿음이었다.

그리스인들은 국가의 중대사도 신의 뜻에 의지했다. 하지만 신탁의 메시지는 모호했다. 델포이 지반에는 화산 지대에서 흔히 볼 수 있는 땅속 증기를 뿜어내는 구멍이 있었다고 한다. 이 증기를 들이마신 사람은 정신이 혼미해져서 술에 취한 사람이나 열에 들뜬 사람처럼 두서없는 말을 지껄였다. 그 지반 구멍 위에 삼발 의자를 갖다놓고 피티아라 불리는 여사제 한 명

예술과 과학의 유용성

을 앉혔다. 피티아가 몽롱한 상태로 말을 웅얼거리면, 다른 남자 사제들이 그 말을 해석했다*. 피티아의 말에는 중의성을 갖는 어휘와 은유가 사용되었다는 의미다. 따라서 신탁이 맞았다는 것은 결과적인 해석이다. 마치 점을 보는 것과 같다. 하루는 소크라테스의 친구 카이레폰이 델포이를 찾아가 물었다. "소크라테스보다 더 지혜 있는 자가 있는가?" 그러자 피티아가 신탁을 내렸다. "그보다 지혜 있는 자가 아무도 없다." 이 말을 전해 들은 소크라테스는 숙고에 잠겼다. 자신은 남보다 절대 지혜롭지 않다고 생각하기 때문이었다. 역설적으로 이런 숙고가 소크라테스를 시대의 현인으로 만들었고 그는 2,400년간 인류의 스승이 될 수 있었다. 인간의 통찰력이 이토록 중요하다는 결론에 이른다.

농사에 유용했던 천문학은 신탁처럼 미래를 예측하기 위한 도구로도 사용했다. 처음에는 주술의 성격이 강해 점성술이라 불렸다. 그 역사는 기원전 6000년으로 거슬러 올라간다. 점성술을 최초로 사용한 흔적이 이집트인의 달력에서 나타났다. 기원전 3000년경, 서른여섯 개 데칸이라는 별자리가 그것이다. 한편 황도 12궁(Zodiac)이 기원전 6세기경 고대 바빌로니아에서 완성되었다. 황도란 천구 위를 지나는 태양의 가상

---

* 에른스트 H 곰브리치의 《곰브리치 세계사》 참조

궤도, 즉 오늘날 지구의 공전 궤도다. 이 궤도를 정확히 30도씩 12등분한 것이 황도 12궁이다. 황소, 염소, 쌍둥이, 게, 사자, 처녀, 천칭, 전갈, 궁수, 양, 물병, 물고기자리. 별자리는 매일 황도를 따라 조금씩 동쪽으로 움직이는데, 여기에서 어떤 의미를 찾으려는 것이 점성술이다. 그런데 실제 위치가 수천 년에 걸쳐 바뀌었는데도 별자리의 그림이나 순서는 2,500년 동안 바뀌지 않았다는 사실이 점성술의 문제점이다. 그 예로 옛날 염소자리에는 오늘날 물고기자리가 있다.

별자리의 변동은 지구의 운동과 관련이 있다. 공전과 자전 그리고 세차운동이다. 이중 세차운동이 낯선 개념이다. 회전체의 회전축이 조금씩 방향을 바꾸어나가는 운동을 말한다. 지구로 치면, 그 축이 23.5도 기울어져 흔들리며 생기는 현상이다. 팽이를 연상하면 이해가 조금 쉽다. 축이 지상과 90도를 이루며 팽팽하게 돌던 팽이가 힘을 잃으면, 축이 기울어진다. 그때 역시 팽이는 돌지만, 축은 방향이 바뀌면서 회전한다. 세차운동은 그 궤도를 말한다.

바빌로니아인들도 별자리의 위치 이동을 알고 있었다. 그래서 회귀 별자리를 만들어 보완했다. 하지만 주류 점성술에서는 이에 관한 이해가 부족하여 황도 12궁을 계속 사용했다. 따라서 오늘날 점성술을 과학이라 일컫진 못한다. 그러나 당시 점성술을 미신으로만 치부하기에는 꽤 명망이 높은 자연철학이었다. 브라헤도, 케플러도 점성술을 공부했다. 하지만 그

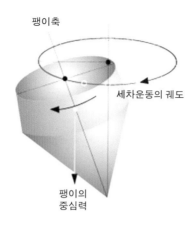

팽이축

세차운동의 궤도

팽이의
중심력

세차운동의 이해

들은 그저 별들의 움직임만을 관찰하는 것이 아니라 그 영향력이 어떻게 나타나는가를 탐구했다. 그러면서 점성술은 천문학으로 신분 상승했다.

특히 15세기 초 포르투갈을 중심으로 연안 항해에 머물던 상선들이 신대륙 시장을 개척하면서 천문학의 발전을 견인했다. 아프리카를 돌아 망망대해로 접어들면, 육지가 보이지 않아 하늘만 쳐다보며 항해해야 한다. 배짱만으로 극복할수 없는 상황이었다. 경도와 위도를 정확히 알기 위해 새로운 항해술이 필요했다. 여기엔 정확한 시계와 함께 천체운동을 추산하는 천체력(항해력)의 도움이 필수적이었다. 천체력은 매일 일정한 시각에 별의 위치 등 천체의 운동을 미리 계산해서 만든 달력이다. 또한 아라비아로부터 전해진 나침반의 개선과 삼각법의 연구가 잇달았다. 삼각법은 사인, 코사인, 탄젠트 등의 삼각함수를 흔히 사용한다. 삼각형의 세 변과 세 각 사이의 관계를 통해 천체의 위치를 정확히 관측할 수가 있다. 1473년 독일의 가톨릭 주교이자 수학자였던 레기오몬타누스(Regiomontanus, 1436~1476)가 31년 동안의 천체 현상을 예보했다. 그리고 그가 쓴 유럽 최초의 삼각법 전문서《모든 종류의 삼각형에 관하여》가 사후 1533년에 출간되었다. 훗날 삼각법은 천문학으로부터 독립하여 산술, 기하, 대수와 결합한 수학의 한 분야로 발전한다. 코페르니쿠스의《천체의 회전에 관하여》가 이런 분위기 속에서 등장했다. "필요는 발명(혹은 발견)의 어머니다."

09
〈브레다 성의 함락〉과
메르카토르 도법

디에고 벨라스케스, 〈브레다 성의 함락〉(1634~1635)

스페인의 자존심, 디에고 벨라스케스(Diego Velázquez, 1599~
1660)는 루벤스의 권유로 이루어진 두 번의 이탈리아 여행에
서 화가로서 결정적인 도약을 이뤘다. 그중 1648년 출발하여

2년간 머문 두 번째 여행은 국왕 펠리페 4세의 총애가 아니었으면 불가능했다. 그해 스페인은 네덜란드와 80년 독립전쟁을 끝내고 재정이 매우 열악한 상황이었다. 국왕은 알카사르 궁 내부 장식을 위한 고대 유물의 복제품과 회화 작품을 확보한다는 명분으로 그의 여행을 승인했다. 역사화 〈브레다 성의 함락〉은 벨라스케스가 두 여행 기간 사이에 그렸다.

문화를 사랑하는 스페인의 열아홉 살 국왕이 휴전을 중단하고, 네덜란드와 전쟁을 재개했다. 우매한 짓이었다. 스페인군은 1625년 6월 5일, 네덜란드의 남부 전략 요충지인 브레다를 마침내 함락시켰다. 하지만 저항이 만만치 않았다. 시민들은 도시가 봉쇄된 채 12개월을 버텼다. 전염병이 돌아 스페인군도 손실이 컸다. 게다가 전쟁에 져 함락시켰던 성을 돌려주었으니 그야말로 소모적인 전투였다.

궁중 화가 벨라스케스는 이 실속 없는 전투를 그리며 신중했다. 그의 작품을 보면 화염이 남아 있긴 하나 전투 간 참혹함을 찾을 수 없다. 영웅적인 무용담으로도 포장하지 않았다. 양편 군대는 승패를 떠나 서로 존경심을 취한다. 브레다의 네덜란드 총독이었던 유스틴은 왼발을 살짝 구부려 예를 취하며 성의 열쇠를 승자에게 건네준다. 패장이지만 태도가 비굴하지 않다. 승자인 암브로시오 스피놀라 장군 역시 타고 있던 붉은 말에서 내려 모자를 벗는다. 그리고 패장의 어깨를 다독이며 그간 보여주었던 감투 정신과 피곤함을 위로한다. 전체적으로

예술과 과학의 유용성

승자와 패자가 한눈에 구별되지 않는다. 다만 왼편 피 묻은 흰 옷을 입은 젊은 네덜란드 병사가 고개를 숙이며 슬픔을 삼키고, 오른편 스페인군이 든 창이 하늘을 찌를 듯 위엄을 갖추고 있어 전투의 결과를 가늠할 수 있을 뿐이다. 작품 부제가 '창검 혹은 창'인 것도 납득이 된다.

스페인 세비야 대성당은 바티칸의 산 피에트로 대성당과 런던의 세인트 폴 대성당에 이어 한때 세계 세 번째 규모를 자랑했다. 지금은 열 번째로 밀렸지만, 가장 큰 고딕식 성당이란 지위는 그대로 유지된다. 세비야 대성당엔 이탈리아 제노바 상인의 아들, 크리스토퍼 콜럼버스(Christopher Columbus, 1451~1506)의 관이 있다. 그리고 그 관에는 유전자 감식을 마친 270그램의 콜럼버스 유해가 안치되었다. 그런데 관이 땅속에 묻힌 것이 아니라 공중에 떠 있다. 스페인의 옛 왕국인 레온, 카스티야, 나바라, 아라곤을 상징하는 인물 조각상들이 메고 있는데, 고인의 유지를 받든 것으로 보인다. 콜럼버스가 이사벨 여왕 사후 자신에 대한 멸시가 심해지자 "다시는 스페인 땅을 밟지 않겠다"라고 말했기 때문이다.

대서양 항로를 최초로 개척한 나라는 스페인의 이웃 나라 포르투갈이다. 현재 국토 면적이 대한민국보다 약간 작으며, 인구는 약 천만 명 정도 되는 작은 국가다. 1453년, 비잔틴 제국이 멸망하자 지중해 제해권이 오스만 튀르크 제국으로 넘어

갔다. 이 때문에 무역 비용 부담이 늘어난 서유럽에서는 금보다 비싼 향신료 가격이 천정부지로 상승했다. 그중 유럽 대륙을 가로질러 육로로 동방까지 관통해야 했던 이베리아반도 국가들은 죽기 살기로 새로운 돌파구를 찾아야만 했다. 궁하면 통하는 법이다. 생각을 바꾸자 길이 보였다. 바로, 뱃길이었다.

포르투갈이 먼저 '바다가 길이 될 수 있다'는 생각을 행동으로 옮겼다. 토양마저 척박하여 상업에 전적으로 의존했던 그들이기에 마른 목을 축이기 위해 먼저 샘을 판 셈이었다. 조선보다 적어도 300년 앞선 발상이다. 막상 행동으로 들어가자 포르투갈은 오히려 대서양을 거쳐 중국과 인도로 가는 항로에서 가장 유리한 국가로 떠올랐다. 1488년, 바르톨로메우 디아스가 16개월 17일의 항해 끝에 아프리카 남단 희망봉을 발견했다. 그리고 그의 조언을 받은 바스쿠 다 가마가 인도 항로를 개척했다. 그 결과, 무역에 드는 비용이 육로의 3분의 1로 줄었다.

뒤이어 스페인이 경쟁적으로 뛰어들었다. 1492년, 이사벨 여왕은 콜럼버스의 항해에 배 세 척을 지원했다. 콜럼버스는 아프리카를 돌지 않고 미지의 검은 바다 대서양을 가로질렀다. 그리고 카리브해를 중심으로 모두 네 차례 항해했다. 이로써 대항해 시대, 아메리카 원주민 입장에서는 야만의 시대가 활짝 열렸다. 당시 유럽인들이 생각하는 세계는 유럽, 아시아, 아프리카 세 개 대륙이 전부였다. 따라서 신대륙을 발견하

예술과 과학의 유용성

고도 콜럼버스는 죽을 때까지 그곳을 인도라 믿었다.

돌이켜 보면, 콜럼버스가 인류에 미친 가장 큰 업적은 무엇이었을까? 유럽인이 아메리카 대륙에 진출하는 계기를 마련했다는 의미 부여는 아무래도 제외해야겠다. 그럼, 수평선 끝은 낭떠러지가 아니며, 지구는 둥글다는 사실을 증명한 것, 탐험을 세심하게 준비하고 전문적인 장비를 갖추었던 것을 들 수 있을까? 노벨물리학상을 받은 독일의 베르너 하이젠베르크는 '배에 실은 비축물로는 돌아오는 것이 불가능한 상황에서 콜럼버스가 굴하지 않고 서쪽으로 더 멀리 떠났던 용기'를 으뜸으로 꼽았다. 하지만 꼼꼼하게 들여다보면, 그 용기는 콜럼버스가 항해 거리를 매우 짧게 산정한 데 힘입은 무모한 용단이었다.

1569년, 오늘날까지 뱃길에 유용하게 사용하는 지도가 탄생했다. 네덜란드 지도학자의 이름을 딴 메르카토르 세계지도이다. 하지만 구형의 지구를 평면의 지도로 옮길 때면 거리, 면적, 방위 등의 왜곡이 필연적으로 발생한다. 따라서 도법은 이 왜곡을 어떻게 처리하느냐에 따라 여러 가지로 나뉜다. 메르카토르 도법의 지도는 신대륙을 찾아가는 탐험가나 뱃사람들로부터 큰 환영을 받았다. 작가 니컬러스 크레인은 이 지도를 코페르니쿠스의 발견에 비유했다.

그러나 메르카토르 도법에는 큰 단점이 숨어 있다. 적도의 경선(경도가 일정한 선) 간격을 위아래 모두 똑같이 비례 적용했기 때문에 구의 특성상 극지방으로 올라갈수록 경선이 좁아진다. 따라서 북쪽 대륙의 면적이 실제보다 더 넓어 보인다. 예를 들어 그린란드의 실제 면적은 지도상 엇비슷하게 보이는 오스트레일리아의 3분의 1, 남아메리카의 8분의 1, 아프리카 면적의 14분의 1에 불과하다. 또 유럽은 남아메리카보다 커 보이지만, 실제 면적은 절반 정도밖에 안 된다. 1970년대 중엽, 아르노 페터스가 "적도에 가까운 저개발 국가를 희생시키고, 선진국들의 크기와 중요성을 과장되게 표현했다"며 문제를 지적했다. 맞는 말이다. 영국, 캐나다를 비롯한 북반구 국가들은 자국의 강한 이미지를 부각하기 위해 메르카토르 도법을 주로 사용해 왔다. 지도는 세상을 바라보는 방식이다. 따라서 지도를 볼 때 이런 점에 유념하는 지혜가 필요하다.

10
비잔틴 제국의 멸망과
코페르니쿠스의 등장

트리스트람 엘리스, 〈골든 혼의 여행〉(1888)

이 글에 어울리는 화가로는 튀르키예 화가 오스만 함디 베이
(Osman Hamdi Bey, 1842~1910)가 제격이다. 그러나 낯선 영국
화가 트리스트람 엘리스(Tristram Ellis, 1844~1922)의 작품 〈골

든 혼의 여행〉을 골랐다. 엘리스에 관한 정보는 매우 부족하다. 공학을 전공한 그는 철도 엔지니어로 일하다가 화가의 길로 들어섰다. 주로 중동과 지중해 동부를 배경으로 그림을 그렸는데, 굳이 정보가 부족한 엘리스의 그림을 선택한 이유가 바로 이 때문이다.

그의 그림에서는 멀리 쉴레이마니예 모스크와 미나렛이 위용을 자랑하고, 전경에는 부유층 모녀가 한가롭게 뱃놀이를 즐긴다. 배의 작은 규모 때문에 이곳을 자칫 강으로 오해할 수 있다. 그러나 그림 속 배경은 튀르키예의 시퍼렇고 깊은 바닷물, 보스포루스 해협의 골든 혼(금각만)이다. 이곳은 동양과 서양이 만나는 문화·군사적 요충지다. 흑해와 지중해를 지나는 유일한 뱃길이라 제1차 세계대전 당시 이곳 갈리폴리에서 전투가 벌어졌다. 처칠의 영국 해군과 서른세 살 케말 파샤가 이끄는 오스만 군이 크게 격돌했는데, 영국군이 패했다.

역사를 좀 더 거슬러 올라가면, 비잔틴 제국의 마지막 전투가 이곳에서 벌어졌다. 1453년 오스만 튀르크 제국의 메흐메트 2세가 우르반 대포를 앞세우고 콘스탄티노플로 쳐들어왔다. 하지만 오스만 제국은 골든 혼 입구에 설치된 쇠사슬을 피해 일흔두 척의 배를 언덕 너머 바다 안으로 옮겨놓고 나서야 비로소 제국의 수도를 점령할 수 있었다. 그 결과, 그들은 아시아와 아프리카에 이어 유럽까지 장악했다. 자존심에 상처 입은 유럽인들은 비잔틴 제국의 멸망을 대륙 저편 동로마의

예술과 과학의 유용성

일이라고 폄하했다. 하지만 튀르키예 후손은 이곳에 '1453 박물관'을 세우고, 과거 로마 제국과의 싸움에서 승리한 영광을 회상한다.

　그러나 이 또한 추억일 뿐이다. 국가의 운명에도 새옹지마가 존재한다. 같은 해 백년전쟁을 끝낸 프랑스와 영국을 비롯한 라틴 유럽이 비로소 중세의 깊은 잠에서 깨어났다. 멸망한 비잔틴 제국에서 건너온 학자들과 그들이 소장했던 고대 그리스 시대의 서책이 큰 역할을 했다. 마침 발달한 인쇄술과 결합하면서 철학과 수학을 비롯해 전 분야에서 패러다임이 변화했다. 생각이 바뀌면, 세상도 변한다. 이때부터 지구가 태양을 중심으로 돌기 시작했다. 지동설의 등장이다. 사실 지동설은 기원전 240년경 아리스타르코스(Aristarchos, B.C. 310?~230)가 최초로 주장했다. 그는 식(蝕)이 신의 작용이 아니라 지구가 달의 그늘에 들어가거나 뒤로 가려질 때 생기는 그림자라는 사실을 깨달았다. 달이 지구 위에 그림자를 드리우면 일식이고, 지구의 그림자가 달을 가리면 월식이다. 이후 그는 편견에서 벗어난 관찰을 통해 태양과 지구, 달 사이의 관계를 정확히 보여주는 그림을 그렸다. 그리고 지구가 태양 주위를 돌고 있다고 추론했다.

　1543년 5월 24일, 코페르니쿠스가 뇌졸중으로 사망하기 두어 시간 전 《천체의 회전에 관하여》 초판본이 출간됐다. 르

네상스 시대 최고의 서적이었다. 사실 코페르니쿠스는 20여
년 전인 1510~1514년 사이 《코멘타리오루스(짧은 논평)》를 먼
저 썼다. 40쪽 분량으로, 《천체의 회전에 관하여》의 요약본으
로 보면 된다. "첫째 지구가 태양을 돌며, 둘째 별이 지구 주위
를 도는 것이 아니라 지구 자체가 스스로 돈다"는 내용이었다.
'지구는 우주의 중심이 아니라, 태양 주변을 공전하는 하나의
행성에 불과하다'라는 결론이다. 따라서 이때까지 지구와 인
간을 중심에 두었던 프톨레마이오스의 《알마게스트》에서 다
루었던 우주의 전통적 질서를 일거에 뒤집는 주장이었다.

   1517년 종교개혁을 주도했던 마르틴 루터는 코페르니쿠
스를 가리켜 새로운 점성사라 칭했다. 그는 "이 바보가 천문학
을 통째로 뒤엎어 놓으려 한다"며 맹비난했다. 그러면서 "여
호수아가 멈추라고 한 것은 태양이지 지구가 아니다"라고 덧
붙였다. 기원전 1400년경 아모리족 다섯 왕의 연합군과 싸우
는 이스라엘군이 승리하려면 낮 시간이 더 필요했다. 그런데
태양이 지구를 돌아 해가 지고 밤이 찾아올 것 같기에 멈추라
했다는 뜻이었다. 루터의 진심은 코페르니쿠스가 천문학이 아
니라 성서를 통째로 뒤엎어 놓을 것을 염려했는지도 모른다.
   《천체의 회전에 관하여》는 필사본으로만 작성되었다. 그
리고 코페르니쿠스는 믿을 만한 몇몇 친구와 동료에게만 배포
했다. 코페르니쿠스가 교회의 파문을 두려워한 것일 수도 있

다. 당시 기독교 사회에서 파문을 일으키면 일상생활이 불가능해졌고, 이는 죽음과 크게 다르지 않은 것이었다. 이후 도미니크 교단의 사제인 조르다노 브루노가 화형에 처해졌고, 갈릴레오가 연금 등 온갖 고초를 겪었다는 점에 유념할 필요가 있다.

이후 독일 루터파 수학자 레티쿠스(Rheticus, 1514~1574)가 코페르니쿠스의 이론에 매료되었다. 그리고 레티쿠스의 약속을 대신해서 출간을 도와준 인물은 루터파 성직자 안드레아스 오시안더였다. 조심스러운 성격의 오시안더는 자신의 서문을 익명으로 책에 끼워 넣었다. 마치 코페르니쿠스 본인이 쓴 글처럼 보였다. 서문에는 태양중심설이 천문학적 가설일 뿐이라고 규정했다. 그리고 "이를 사실로 믿는 사람이 있다면, 그는 입문할 때보다 더 한심한 바보가 되어 이 학문을 떠나게 될 것"이라고 썼다. 그래서인지 학자들은 코페르니쿠스의 글에 큰 반응을 보이지 않았다. 심지어 책을 받아 본 교황 바오로 3세와 교회에서도 금서로 분류하지 않았다. 사후 300여 년이 지난 19세기 후반이 되어서야 《천체의 회전에 관하여》는 세상의 빛을 받았다. 따라서 코페르니쿠스가 비겁했다기보다는 오시안더의 배려 덕분에 평안했다고 보는 것이 옳겠다.

오히려 세계의 중심을 지구에서 태양으로 옮겨놓은 코페르니쿠스의 논거가 취약했다는 점을 직시할 필요도 있다. 물리적 규칙성보다는 미학적 측면, 즉 태양이 원 궤도를 등속으

코페르니쿠스의 천체 모델

로 돈다고 믿었기에 그의 논리는 생각만큼 논리적이지 않았다. 그가 사망한 직후 태어난 브라헤의 지구태양중심설이 논리적으로 받아들여졌다. "모든 행성은 지구가 아닌 태양 주변을 공전한다. 그러나 태양은 지구를 중심으로 공전한다"는 것이 골자였다. 일종의 절충적 성격의 주장이다. 그럼, 코페르니쿠스의 지동설은 가벼운 직관이었을까? 그렇지 않다. 1787년 칸트의 《순수이성비판》 제2판에서는 그 의미를 사고의 대전환에서 찾았다. 오늘날 '코페르니쿠스적 전환'이라고 부른다.

예술과 과학의 유용성

"코페르니쿠스는 전체 별자리가 관찰자를 축으로 돈다고 받아들이면, 천체 운동에 대한 설명이 잘 맞지 않는다는 것을 경험했다. 그래서 거꾸로 관찰자를 돌게 하고 별을 정지시키면, 더 좋은 결과를 얻지 않을까 하는 생각에서 검증을 시도했다."

11
티치아노와 인연,
칼카르와 베살리우스

티치아노, 〈카를 5세의 기마 초상〉(1548)

르네상스 시대를 대표하는 화가는 미켈란젤로, 레오나르도 다
빈치 그리고 라파엘로 세 사람이다. 여기에 한 사람을 더 꼽으
라면 그 주인공은 티치아노(Tiziano Vecellio, 1488~1576)가 분

예술과 과학의 유용성

명하다. 위 그림은 그의 최고 걸작 〈카를 5세의 기마 초상〉이다. 카를 또한 서양사에서 매우 유명한 황제로, 카를로스 대제와 나폴레옹 사이 약 1,000년 기간 중 유럽에서 가장 넓은 영토를 지배했던 인물이다. 그러다 보니 영지에 따라 신성로마 제국 황제, 스페인 국왕, 이탈리아 군주 등으로 불렸다.

1533년 티치아노는 카를 5세 궁정의 공식 일원이 되면서 황금 박차의 기사와 라테라노 궁의 백작이라는 두 개의 직함을 받았다. 당시 황제의 초상화는 티치아노만이 그릴 수 있었는데, 어느 날 그림을 그리다가 실수로 붓을 떨어뜨렸다. 바로 그때 황망한 일이 벌어졌다. 카를이 달려들어 주워준 것이었다. 당시로선 상상할 수 없는 일이었다. 그러나 황제는 이렇게 말했다.

"티치아노가 아닌가. 카이사르의 시중도 받을 만하다."

후세의 호사가들은 이를 두고 속세 최고의 권력에 대한 미술의 승리라고 이야기한다. 그러나 화가는 겸손하게 최선을 다해 국왕께 보답했다. 초상화는 가톨릭의 수호자 카를 5세가 1547년 4월 24일 뮐베르크 전투에서 프로테스탄트군을 격파한 것을 기념한다. 고대 로마 황제가 쓰던 긴 창을 든 채 영광을 향해 앞으로 나아가는 모습이다. 당당하되 친근한 눈빛이다. 로마 캄피돌리오 언덕 위 마르쿠스 아우렐리우스 기마상을 기본으로 구성했다. 그러나 이것은 화가에 의해 창조된 영웅적 이미지였다. 실제 황제는 전쟁터에서 말을 타지 못했다. 심한 통풍으로 가마에 실려 전쟁터를 옮겨 다녔다.

얀 스테판 반 칼카르(Jan Stephan Van Calcar, 1499~1546)라는 인지도 낮은 어느 화가가 있었다. 독일 태생의 이탈리아 화가로, 티치아노의 제자다. 그는 대부분의 삶을 나폴리에서 보냈다. 주로 초상화를 많이 그렸으나 강렬한 독창성은 발견되지 않는다. 오히려 조르조네를 비롯해 다른 유명한 화가들의 작품을 모방하는 재능이 뛰어났다. 이 장점을 십분 발휘한 작품이 《인체 구조에 관하여》(일명 파브리카, 총 7권)의 삽화다. 이 책은 근대 해부학을 창시한 벨기에의 의학자 안드레아스 베살리우스(Andreas Vesalius, 1514~1564)가 출판했다.

당시 해부학계에서는 고대 로마 클라우디오스 갈레노스(Claudius Galenus, 129~199?)가 1,500년 동안 절대적인 지위를 유지하고 있었다. 그의 인체 이론은 나름대로 합리성은 있었다. 그러나 혈액 순환 과정에서 심장이 보조적인 역할을 수행한다는 등의 주장을 보면 불합리한 점이 더 많았다. 따라서 주술 또는 종교적 믿음으로 질병을 치료했으며, 인체 해부를 꺼리는 상황이었다. 그러던 중 11세기 볼로냐 대학에 의과가 신설되면서 각성이 시작되었다. 그리고 흑사병으로 유럽 인구의 3분의 1이 죽는 등 역병이 창궐하자 1348년 교황 클레멘스 6

예술과 과학의 유용성

세와 1482년 식스토 4세가 제한적으로 시체 해부를 허용했다. 다빈치와 미켈란젤로의 인체 해부도 이런 분위기가 유지되면서 가능했다. 하지만 갈레노스의 의학을 이어받은 이슬람 철학자이자 의학자인 이븐 시나의 《의학전범》이 여전히 교과서처럼 사용되고 있었다.

의사 집안에서 태어난 베살리우스는 어려서부터 동물을 해부했다. 스무 살이 되던 1534년, 의사로 종군하면서 인체를 해부했는데 동물과 인간의 장기를 비교할 수 있는 좋은 기회였다. 그는 스물세 살에 이탈리아 파도바 대학 교수가 되었고, 신성로마제국 황제 카를 5세의 시의로 활동했다. 티치아노가 제국의 궁중 화가로 활동할 때와 겹친다. 이런 인연으로 칼카르가 베실리우스의 삽화에 참여한 것으로 보인다. 당시 의사와 화가 모두 장인으로 천대받던 시절이었다. 베살리우스는 2년간 해부에 몰두하면서 갈레노스의 해부학에서 200여 가지 오류를 발견했다. 이는 해부학을 넘어 의학계 전반에 엄청난 충격을 일으켰다. 물론 여기엔 칼카르의 생생한 그림이 한몫했다.

베살리우스는 갈레노스의 이론이 검투사를 치료하거나 사체를 살피면서 습득했던 경험과 동물에 근거했다는 사실을 밝혀냈다. 반면 그는 직접 인체 시연을 통해 자기 이론을 증명하면서 주위의 비판을 잠재웠다. 칼카르의 표지 목판화를 보면, 중앙 해부대 위에 배를 가른 시신 한 구가 놓여 있다. 그 위

칼카르, 《인체 구조에 관하여》 표지

로 긴 막대기를 든 해골이 보인다. 책에 의존하여 지시로 일관
했던 해부학자를 상징한다. 시신 왼편에 청중을 향해 얼굴을

예술과 과학의 유용성

약간 틀어 인체 장기 등을 설명하는 인물이 바로 베살리우스다. 오른쪽 개, 왼쪽 원숭이는 그간 인간을 대신하여 희생된 동물들이고, 해부대 아래에서 논쟁을 벌이는 두 사람은 이발사다. 당시 해부를 담당한 자가 바로 이발사들인데, 베살리우스이후 그 벽이 깨졌다. 한편 이발사들은 훗날 외과 의사로 신분전환한다.

그의 《인체 구조에 관하여》는 공교롭게 코페르니쿠스가 《천체의 회전에 관하여》를 출간한 1543년에 완성했다. 천체를 매크로코스모스라고 한다면, 인간은 마이크로코스모스라고 한다. 이렇게 우주와 소우주인 인간의 몸이 서로 소통한다는 사고체계는 당시 유행했던 연금술을 기반으로 했다. 베살리우스와 동시대의 인물 파라켈수스의 의료화학이 대표적이다. 스위스 의사였던 그는 금속처럼 병든 몸 안의 불순물을 걸러냄으로써 건강을 회복할 수 있다고 믿었다. 그에 관한 이야기는 뒤에 다시 하기로 하고, 영국의 의학자이자 생리학자인 윌리엄 하비(William Harvey, 1578~1657)로 건너뛰자.

그는 '혈액이 순환한다'는 새로운 패러다임을 제시했다. 관찰과 실험을 강조한 프랜시스 베이컨의 경험론을 적용한 중요한 과학 이론이었다. 실제 찰스 1세의 궁정의였던 그가 돌보던 환자 중 한 명이 바로 베이컨이었다. 하비의 혈액 순환론은 바다 건너 프랑스에까지 알려져 데카르트가 《방법서설》에서 찬사를 보냈다. 그의 업적은 망원경을 통해 천문학의 새로운 장을 열었던 갈릴레이에 필적한다. 그는 파도바 대학에서 베살리우스의 제자였던 파브리시우스(Hieronymus Fabricius, 1533~1619)의 집에 거주하면서 약 2년간 수학했다. 파브리시우스 또한 파도바 해부극장에서 19년 동안 시체를 60구를 해부했으며, 정맥 속에 있는 판막의 발견은 하비에게 결정적인 도움을 주었다. 학문도 혈액처럼 순환하면서 진리를 밝게 비추나 보다.

예술과 과학의 유용성

패러다임의 변화, 그 지난한 과정

12
고흐와 브루노의
강렬한 삶

빈센트 반 고흐, 〈론강의 별이 빛나는 밤〉(1888)

빈센트 반 고흐(Vincent van Gogh, 1853~1890)의 작품성은 불꽃 같은 삶에 가려 묻혀버리는 경향이 있다. 하지만 액자의 틀은 물론, 'Vincent'란 서명 위치까지 세세하게 신경 쓸 정도로 그는 회화에 진심인 화가였다. 색채 효과에 몰두했으며, 특히 밤에 관한 연구가 깊었다. 작품 〈론강의 별이 빛나는 밤〉은 상상에 의존한 〈별이 빛나는 밤〉(1889)과 달리 직접 관찰한 밤의 모습을 담고 있다.

구성은 밤하늘 별빛과 론강에 비친 반영으로 단순하다. 그러나 캄캄한 공간과 보색 효과를 이용한 강렬한 색채는 확실한 대비를 보여준다. 밤하늘은 진한 코발트블루, 별과 달은 노란색, 그리고 별의 한가운데를 하얀 물감을 짜서 발랐다. 그런데 하늘 중앙으로부터 왼편까지 마치 꽃과 같은 모양으로 유난히 반짝이는 별 무리가 보인다. 북반구에 사는 우리에게 낯익은 북두칠성이다. 국자 모양의 별자리로, 큰곰자리의 꼬리와 엉덩이 부분에 해당한다. 동양에서는 사각형 별 네 개를 관으로, 손잡이를 이루는 별 세 개를 관을 끌고 가는 사람들로 연상했다. 맨 끝 알카이드를 가장 불길한 별로 여겼다. 관을 인도하기 때문이다. 제갈량이 자기 죽음을 점칠 때 본 파군성이 바로 알카이드다.

고대로부터 천문학은 집권자에게 매우 중요했다. 국가와 개인의 운명을 예측하기도 하지만, 농사에도 유용했기 때문이다. 신의 역할을 대신했던 왕으로서는 민란의 빌미로 작동하는 백성의 기근을 어떻게든 막아야만 했다. 그래서 가뭄이 지속될 때면 마지막 노력 차원에서 왕이 직접 기우제를 올렸다.

패러다임의 변화, 그 지난한 과정

고대 그리스 시대에도 천체의 변화를 살폈으며, 이미 지동설이 존재했다. 하지만 지구가 돌고 있다면, 물체가 왜 높은 곳에서 수직의 같은 자리에 떨어지고, 바람의 변화는 어떻게 생기는지를 효과적으로 설명하지 못했다. 천동설이 오히려 태양이 뜨고 지는 현상을 쉽게 이해시켜 주는 과학 이론이었다. 그렇게 천동설은 1,500년간 인류의 의식을 확고하게 지배했다.

별까지 거리를 가늠할 방법이 없었던 당시에 천동설은 모든 별이 하늘 맨 바깥 천구 위에 박혀 있다고 주장하는 이론이었다. 그러나 천구 하나로는 혜성, 운석, 행성의 불규칙한 운동과 지구로부터 가까워졌다가 멀어지는 변화를 설명하기에 역부족이었다. 아리스토텔레스가 플라톤의 제자 에우독소스(Eudoxos, B.C. 408~B.C. 355)의 동심천구설을 채택했다. 에우독소스는 마치 달걀 껍데기 같은 스물여섯 개의 동심(同心) 천구가 각각 다른 회전축을 지니고 지구를 중심으로 운동한다고 주장했다. 하지만 모순이 계속 나타나자, 아리스토텔레스는 천구를 쉰다섯 개로 늘려야 했다.

2세기 중엽 알렉산드리아에서 활동한 클라우디오스 프톨레마이오스(Claudios Ptolemaeos, 83?~168?)는 아리스토텔레스의 체계를 수정했다. 행성이 작은 원 궤도인 주전원을 돌면서 동시에 지구를 크게 회전한다고 설명했다.

정확히 말하면, 지구를 돌 때 정가운데에서 조금 떨어진

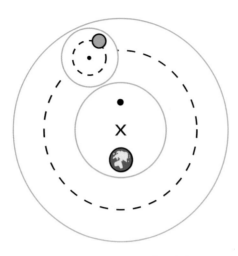

프톨레마이오스의 이심원 중심점 X

기하학적 중심을 기준으로 이심원을 그린다. 따라서 행성이 주전원의 안쪽을 회전할 때의 속도가 이심원 회전속도보다 빠르면, 역행하는 듯이 보인다는 논리다. 그 결과 천구의 수는 무려 80개까지 늘어났다. 그러고도 부족한 설명은 편심과 등각속도점이라는 복잡한 개념을 끌어들였다. 이 체계는 13세기 신학자이자 철학자인 토마스 아퀴나스가 받아들여 교회에 뿌리내렸다. 기독교의 가르침인 인간 중심주의가 지구 중심의 우주론과 잘 맞아떨어지기 때문이었다.

이 논거에 저항한 인물이 조르다노 브루노다. 이탈리아 출신의 철학자, 수학자, 천문학자이면서 도미니코회 사제였다. 그도 돌멩이를 떨어뜨렸다. 다만 움직이는 배 깃대 위에서 시

패러다임의 변화, 그 지난한 과정

도했다. 돌은 같은 수직 지점에 떨어졌다. 브루노는 "지구 위에 있는 모든 것이 지구와 함께 움직인다"라고 해석했다. 실제 지구는 시속 약 11만 킬로미터, 1초에 약 30킬로미터 속도로 태양 주위를 돈다. 자전 속도는 위도에 따라 다르지만, 적도 지역에서 1초에 약 470미터씩 움직인다. 브루노는 종교재판소가 없는 영국 런던에 정착한 까닭에 상대적으로 생각이 자유로웠다. 그는 코페르니쿠스의 주장을 지지하면서 한발 더 나아가 "태양 또한 다른 별들과 특별할 게 없다"고 했다. 우주에 중심이 없다는 입장도 보였다. 영국의 수학자이자 천문학자인 토마스 해리엇(Thomas Harriot, 1560~1621)으로부터 영향을 받은 흔적이었다. 해리엇은 망원경으로 태양을 관찰했으며, 행성이 타원형 궤도를 그린다는 사실을 알고 있었다. 그러나 목숨을 부지하기 위해 최초의 발견자라는 영예를 기꺼이 양보했다.

하지만 브루노가 지동설만으로 처형당했다고 판단한다면, 그것은 너무 일방적이다. 그는 고대 로마의 철학자 루크레티우스(Titus Lucretius Carus, B.C. 99~B.C. 55)의 《사물의 본성에 관하여》를 통해 에피쿠로스주의를 접한 것으로 추정한다. 브루노가 금서인 에라스뮈스의 주석서를 읽고, 《아리스토텔레스 물리학에 대한 고찰》이라는 비판적 서책을 집필한 것이 그 방증 중 하나였다. 당시 비주류였던 에피쿠로스의 쾌락주의는 그 이름만으로도 비도덕적인 사상으로 매도당한 흔적을 발견할 수 있다. 그러나 논리가 원자론에 근거하고 있어 육신의 부활과 영원한 고난·고통을 믿는 기독교의 대척점에 선 급진적 사상이었다. 또한 브루노는 무한우주론을 주장했으며, 삼위일체를 부정하는 아리우스파를 수용했다. 신앙에 의해서만 구원받는다는 칼뱅주의 역시 반대했다. 교회의 미움을 살 짓은 거의 다 했다.

그는 1591년에 안전하리라고 믿었던 베네치아에 도착하였으나 체포되어 로마로 압송됐다. 이후 한순간이지만, '자신의 주장을 철회한다'라는 취지의 문서를 작성하기도 했다. 마지막엔 교황 클레멘스 8세가 직접 나서서 굴복을 요구했다. 하지만 끝내 주장 철회를 거부했다. 산탄젤로 성 감옥에 갇힌 채 8년간 재판이 지속되었다. 그는 지나치게 논쟁적인 인물이었다. 재판관에게 무엇이 이단이고, 정통인지를 판정할 권한이 없다고 따졌다. 결국 회개할 줄 모르는 악성 이단으로 선고받고, 1600년 2월 17일 캄포 데 피오리 광장에서 화형됐다. 그의 뺨과 혀는 핀이 관통하여 십자가 형태로 꿰매진 채였다.

고흐에 못지않은 강렬한 삶이었다. 1899년, 처형된 현장에는 바티칸 쪽을 음울하게 바라보는 브루노의 동상이 세워졌다. 교황 레오 13세는 여든아홉 살의 노구를 이끌고 성 베드로 광장에서 금식기도를 올렸다. 무언의 항의였다. 브루노 사후 약 300년이 지났을 때 벌어진 일이었다. 그러니 브루노가 살아 있었을 당시라면, 자기 소신을 무사히 지킬 수 없는 게 당연한 노릇이었다. 하지만 처형과 파문이 확정되는 순간, 미래를

패러다임의 변화, 그 지난한 과정

예견하듯 재판관에게 던진 그의 말에서 전율이 느껴진다.

"선고를 받는 나보다, 선고를 내리는 당신들이 더 두려움
을 느끼는 것 같다."

13

"별들에게 물어봐"
튀코 브라헤와 허블

카라바조, 〈의심하는 토마〉(1602~1603)

슬며시 웃음이 나오는 그림이다. 예수의 제자이면서 의심이
많기로 유명한 토마가 예수가 부활했다는 소문에 의문을 품었
다. 그는 직접 확인하기 전에는 믿을 수 없다는 입장을 고수했

패러다임의 변화, 그 지난한 과정

다. 8일 후 마침내 토마 앞에 나타난 예수가 자신의 상처를 만져보라고 했다. 바로크 미술의 거장 카라바조는 바로 이 순간을 그렸다. 〈의심하는 토마〉다.

예수는 옷을 제쳤고, 토마는 때 묻은 검지손가락을 상처 부위에 직접 넣어본다. 예수는 손가락이 너무 깊이 들어가려 하자, 토마의 팔을 잡는다. 아픔을 느낀다는 뜻이었으며, 이는 곧 부활의 방증이었다. 비로소 믿게 된 토마를 향해 예수가 말했다.

"토마야, 너는 눈으로 봐야 믿는구나. 보지 않고도 믿는 자가 진정으로 복 받은 자이니라."

'보는 것이 믿는 것이다.' 회화에서도 사실성 문제는 매우 중요했다. 그래서 카메라가 등장하자 들라로슈는 "이제 회화는 끝났다"라고 선언했다. 하지만 이때부터 회화는 정체성을 고민하기 시작했다. 그 결과, 사진이 담을 수 없는 영역을 개척하면서 현대미술로 발전했다. 하지만 2004년 노벨물리학상을 받은 미국의 물리학자 프랭크 윌첵(Frank Wilczek, 1951~)은 이 작품에서 성서를 초월한 두 가지 메시지를 읽어냈다. 예수가 토마의 탐구적인 자세를 기꺼이 수용했고, 토마가 자신의 소망이 구현되자 극도로 흥분했다는 점이다. 그러면서 윌첵은 토마야말로 진정으로 행복한 사람이라고 덧붙였다. 다행이다. 나도 토마와 같은 의심을 품고 있었는데…….

천문학에서는 망원경이 카메라의 역할을 대신했다. 인간이 맨눈으로 볼 수 있는 별은 6,000개, 그것도 한곳에서 보면 2,000개에 불과하다. 하지만 16인치 망원경을 사용하면 별뿐 아니라 은하의 수도 셀 수 있다. 따라서 19세기 말 유럽의 천문학이 미국에 밀리기 시작한 것은 뜻밖의 결과가 아니다. 세계에서 가장 큰 망원경이 하버드 대학교에 설치된 후 자연스럽게 나타난 결과였다. 그러나 천문학은 단순히 잘 본다는 것으로 실력을 논하기엔 부적절하다. 미래를 예측하는 학문으로서 자료의 종합과 분석 그리고 통찰력을 기반으로 새로운 논거를 마련해야 한다.

덴마크의 귀족 아들로 태어난 튀코 브라헤(Tycho Brahe, 1546~1601)는 망원경이 등장하지 않았던 시대에 활동했다. 어떤 도구보다 신이 준 눈을 더 신뢰했으며, 그런 경향은 갈릴레이의 망원경 시기까지 이어졌다. '코 없는 남자' 브라헤는 맨눈으로 가장 별을 정밀하게 관측했던 마지막 인물로, 천문학 역사에서 매우 독특한 족적을 남겼다. 국왕 프레데리크 2세의 지원 아래 유럽 최고의 천문대였던 우라니엔보르 천문대와 스티에르네보르 천문대를 건설하고, 무려 20년 동안 운영을 맡

앗다. 1570년에 사분의를 개량, 지름 12미터짜리 육분의를 제작하여 별의 위치를 매우 정밀하게 측정했다. 그러나 크리스티안 4세가 즉위하자 상황이 바뀌었다. 호의적이지 않았던 새 국왕은 브라헤가 자기 영지 내 주민을 학대하고 부업을 했다는 이유로 후원을 주저했다. 그러자 브라헤는 1597년 도구들을 챙겨 코펜하겐으로 이주했다가 다시 체코 프라하로 향했다. 1599년 신성로마 제국 황제 루돌프 2세가 그를 고용한 첫 번째 이유 역시 그의 시력 때문이었다.

그는 20년간 약 777개의 별자리를 새롭게 정리했다. 1600년 2월 무렵, 브라헤를 만난 케플러는 훗날 그의 방대한 관측자료에 근거하여 행성의 타원 운동을 밝히게 된다. 하지만 브라헤를 그저 자료 수집에만 충실했던 인물로 생각하면 곤란하다. 1595년 브라헤는 점성술 달력을 만들어 앞으로 혹한기가 닥치고, 튀르키예가 침략할 것이며, 농민 봉기가 일어나리라고 예측했다. 예상은 적중했고, 그의 달력은 날개 돋친 듯 팔렸다. 그는 카시오페이아자리에서 빛나는 초신성과 1577년 혜성 출현을 통해 천상계가 지상계처럼 변화하는 영역임을 깨달았다. 자신의 관측 자료와 비교할 때 프톨레마이오스는 물론 코페르니쿠스 이론도 맞지 않는다는 사실을 발견했다. 그래서 태양중심설과 지구중심설 중간쯤에 위치한 지구태양중심설을 제시했다. 지구중심설을 그대로 유지한 가운데 나머지 다섯 행성은 태양을 중심으로 돈다는 견해였다. 지구

중심설의 한 축을 무너트리는 이론이었는데도 당시 교회와 지성의 공감을 불러일으켰다.

1929년에는 허블(Edwin Powell Hubble, 1889~1953)이 은하가 멀어져 가는 속도와 은하의 거리 사이에서 발생하는 비례 관계를 발표했다. 별이 멀어질 때 진동수가 낮은 적색 쪽으로 이동하는 현상, 즉 적색 편이를 통해 도출한 이론이었다. 이 법칙의 핵심은 우주가 팽창하고 있으며, 영원불변으로 안정적이지 않다는 사실이다. 하지만 허블 법칙은 단순히 적색 편이만으로는 도출할 수 없는 결론이다. 지구로부터 멀어져 가는 별이 있다는 것은 이미 알려진 사실이었다. 허블은 1929년 1월까지 마흔여섯 개 은하 중 스물네 개의 거리를 이미 알고 있었기에 그 변화를 비교할 수 있었고, 우주의 팽창을 설명할 수 있었다. 지금은 우주망원경 시대다. 우주에서 대기가 걸러내지 않은 (가시광선 외) 다양한 빛으로 천체를 관측한다. 대표적인 것이 허블 우주망원경으로, 반사경이 지름 2.4미터이다.

제임스 러브록(James Lovelock, 1919~2022)이라는 영국 재야과학자가 있었다. 미항공우주국(NASA)에서 그에게 화성 탐사선 바이킹호에 탑재할 생명체 탐지 장치에 관해 자문을 구했다. 그는 답했다.

"화성에 생명이 존재하는지는 굳이 탐사선을 보낼 필요가 없어요. 여기서도 알 수 있죠."

패러다임의 변화, 그 지난한 과정

그는 화성이 광물처럼 완전히 죽은 존재라고 결론지었다. 화성에서 관측되는 빛의 선 스펙트럼을 분석하면, 대기의 화학적 조성 상태를 알 수 있다. 분광학이다. 화성의 대기는 이산화탄소가 대부분인 상태에서 매우 안정적이었다. 산소는 무척 불안정한 기체로 녹색식물이 계속 보충해 줘야 한다. 따라서 안정적이라는 말은 산소가 없다는 뜻이며 결국, 생명체가 존재하지 않는다는 방증이다. 그래서 보되, 꿰뚫어 보아야 한다.

14
렘브란트의 원,
케플러의 타원

렘브란트, 〈두 개의 원이 있는 자화상〉(1660?)

렘브란트(Rembrandt Harmenszoon van Rijn, 1606~1669)가 그린 〈두 개의 원이 있는 자화상〉이다. 제프리 스미스의《런던에서 꼭 봐야 할 100점의 명화》중 1위로 꼽힌 작품이다. 17세기 가

패러다임의 변화, 그 지난한 과정

장 위대한 화가 렘브란트는 유화 40여 점, 동판화 30여 점을 포함하여 자화상 100여 점을 그렸다. 자화상이란 용어가 생기기도 전으로 그만큼 자신의 영혼을 탐구했다는 사실을 알려준다. 그러나 오늘 집중할 부분은 자화상이 아니라 그림 속 벽에 그린 커다란 두 개의 반원이다.

어떤 의미일까? 아무 의도도 없을 수 있다. 그야말로 수수께끼로, 내겐 '조토의 원'이 연상된다. 조토(Giotto di Bondone, 1267?~1337)는 서양 미술사를 공부하면 제일 먼저 접하게 되는 당대 최고의 화가였다. 그는 피렌체 르네상스를 이끌었다. 교황 베네딕트 11세가 그의 능력을 확인하고자 사람을 보냈다. 조토는 즉석에서 붓으로 원을 그려 보여주었다. 원은 인간만이 만들 수 있는 도형이며, 물체 중 가장 마찰이 적다. 교황은 원 하나로 그의 능력을 한눈에 알아보고, 바티칸의 화가로 선발했다는 뒷이야기가 있다.

원은 이렇듯 완벽성을 뜻한다. 행성에서도 마찬가지다. 천상계의 원운동, 그것은 아리스토텔레스의 천문학이자 신의 의지였다. 신이 우주를 기하학적 규칙성에 따라 창조했으며, 그것은 원의 형태라는 확신이었다. 당시 과학은 지금의 평가와 달리 신에게 도전하려는 의지에서 비롯되지 않았다. 근대 과학의 선구자 코페르니쿠스는 물론 한 세대 뒤 케플러와 갈릴레이 그리고 뉴턴에 이르기까지 과학은 신의 섭리를 깨닫기 위한 탐구 도구였다. 코페르니쿠스는 성직자가 되기 위해 이탈리아 볼로냐 대학에서 교회법을 공부했고, 인근 페라라 대학에서 교회법 박사 학위를 취득했다. 갈릴레이도 스스로 교회의 충성스러운 아들이길 자처했으며, 두 딸은 수녀였다. 따라서 코페르니쿠스와 갈릴레이 모두 일관된 원운동이라는 기존의 원리를 준수하면서 우주의 질서를 회복하려 했다.

그러나 독일 남서부 와일에서 태어난 요하네스 케플러(Johannes Kepler, 1571~1630)는 조금 달랐다. 수학 교사였던 케플러는 원의 모델이 자꾸 어긋나자 "신이 창조한 세계를 섣불리 예단했던 것은 아닌가?"라는 의심을 품었다. 그는 자료가 부족하다고 판단했으나 궁핍했던 경제 사정을 고려하여 가족을 데리고 필사적으로 튀코 브라헤에게로 갔다. 그 시기는 브라헤가 신성로마제국 루돌프 2세 밑에서 일할 때로, 그는 케플러의 수학 능력을 높이 샀다. 1600년, 케플러는 브라헤의 이전 조수 롱고몬타누스가 실패한 화성의 궤도를 계산하는 일을 맡았다. 1년여 근무했을 즈음 브라헤가 사망했다. 케플러는 그가 평생 모은 방대한 데이터를 물려받았다.

그는 3년간 분석을 통해 화성의 원형 궤도를 찾아냈다. 그런데 자신이 계산한 값과 브라헤의 관측 결과를 비교하니 열 개의 데이터에서 2분(30분의 1도) 내 오차를 보였지만, 나머지 두 개의 데이터에서는 8분(15분의 2도)의 오차가 발견됐다. 망원경이 막 등장한 시대이긴 하지만, 무시할 수 있을 법한 오차

범위였다. 그러나 브라헤의 오차 범위보다 두 배나 크다는 사실이 마음에 걸렸다. 케플러는 끝없이 다시 계산했다. 브라헤의 자료는 거짓말하지 않았다. 결국 케플러는 자신의 이론이 틀렸다는 사실을 인정했다. 알고 보니 화성은 원형이 아니라 약간 일그러진 타원형 궤도를 돌고 있었다. 아리스토텔레스가 지상의 세계에서나 가능하다고 여겼던 운동 방식이었다.

오늘날 케플러의 행성 이론은 세 가지 법칙으로 정리한다. 브라헤의 상속자들과 소유권 분쟁으로 인해 늦어져 1609년에야 제1, 제2 법칙을 먼저 발표했다.

① 타원궤도의 법칙(행성은 태양을 한 초점으로 하는 타원궤도를 그리면서 공전한다)과 ② 면적속도 일정의 법칙(행성과 태양을 연결하는 가상의 선분이 같은 시간 동안 쓸고 지나가는 면적은 항상 같다)이다. 1619년에야 ③ 조화의 법칙(행성의 공전주기의 제곱은 궤도장반경의 세제곱에 비례한다)을 책에 수록했다. 그러나 당시 케플러는 체계적으로 발표하지 않았고, 그 중요성도 몰랐다. 70년 넘게 흘러 뉴턴(Isaac Newton, 1643~1727)의 행성 이론이 발표되면서 비로소 케플러도 세상의 인정을 받았다.

따라서 당시에는 친구이자 지동설을 옹호하는 과학적 동지 갈릴레이도 그의 주장을 믿지 않았다. 달이 지구의 썰물과 밀물에 영향을 미친다는 케플러의 조수 이론을 비롯한 주장이 유치한 생각이라고 평가절하했다. 사실 케플러는 '우주가 수학적 조화로 가득 찼다'라고 한 피타고라스의 영향을 받았다. 지동설 옹호는 수학적 신비주의에 빠진 그의 태양 숭배라는 신화적 관념에 기반했다. 제3의 법칙 발견도 피타고라스처럼 '하늘의 음악'을 발견했다는 점에서 기뻐했다. 반면 갈릴레이는 바닷물이 출렁거리며 밀려왔다 빠지는 조수 이론을 오히려 지구가 돌고 있다는 증거로 제시했다. 갈릴레이 역시 선입견으로 인해 새로운 논리를 객관적으로 받아들이지 않은 것이다. 과학계의 이런 고질적인 경직성과 관련 노벨 물리학상 수상자 독일의 막스 플랑크(Max Planck, 1858~1947)는 이렇게 회의적으로 술회했다.

"새로운 과학적 진리는 그 반대자들을 납득시키면서 승리를 거두기보다는, 그 반대자들이 결국 다 죽고 그것에 익숙한 새로운 세대가 성장하기 때문에 승리하는 것이다."

결과적으로 '마(魔)의 논리' 행성의 등속원운동은 케플러에 의해 무너졌다. 케플러가 연구를 시작한 지 20년 만에 얻은 결론이었다. 이 연구는 자연철학이 신앙심에서 벗어나 관찰과 실험에 의한 결과로 평가받는 귀중한 선례를 남겼다. 과학은 겸손과 자기부정이 생명이다. 진리가 아니라는 점을 인정하고, 새로운 증거가 나타나면 언제나 생각을 바꿀 각오를 다진다. 삶도 마찬가지 아닐까? 우린 현재의 연속선상이 아니라, 과거와 미래가 혼재된 세상을 산다. 그중 알기 어려운 것이 미래다. 기존 인식에서 갇혀 세상을 바라보기에 그러하리라. 아인슈타인은 말했다.

"자신의 무지를 과소평가하지 말아라."

15
브뤼헐의 철학,
갈릴레이의 종교

대(大) 피터르 브뤼헐, 〈교수대 위의 까치〉(1568)

대(大) 피터르 브뤼헐(Pieter Bruegel the Elder, 1527~1569)의 작품 중에는 〈이카로스의 추락이 있는 풍경〉이 유명하다. 신의 삶과 죽음이 자신들의 일상과는 무관하다는 플랑드르(오늘

패러다임의 변화, 그 지난한 과정

날 벨기에 지역) 사람의 철학이 담겼다. 목판화 〈교수대 위의 까치〉(1568)는 한발 더 나아갔다. 안타까운 일이긴 하지만, 죽음도 언젠가 거쳐야 하는 통과의례일 뿐이라는 사실을 은유적으로 표현했다.

그림 원경과 중경은 초가을의 한가로운 마을 풍경이다. 그런데 뜬금없이 전경에 커다란 교수대가 등장한다. 동물의 두개골과 뼈, 희생자들의 묘지가 보이고 일군의 무리가 백파이프를 연주하며 춤을 춘다. 심지어 왼편 하단 그늘진 곳에서는 한 사내가 엉덩이를 드러내고 볼일을 본다. 교수대 위와 바위 아래 한가롭게 앉아 있는 까치와 같은 인간의 일상이다.

〈교수대 위의 까치〉는 1569년 브뢰헐이 사망하기 한 해 전의 유작이다. 당시 그의 고향 플랑드르를 포함하여 네덜란드 열일곱 개 주가 독립 전쟁을 막 시작했다. 스페인 펠리페 2세가 가톨릭의 수호자를 자처하면서 일으킨 전쟁이었다. 1567년 플랑드르 총독으로 임명된 알바 공, 페르난도 알바레스 데 톨레도가 폭압적인 군사 진압으로 사태를 키웠다. 알바 공은 '지옥의 사자'로, 그의 종교재판소는 '피의 법정'이라고 불렸다. 대학살과 여론 조작용 재판으로 약 18,000명이 화형과 교수형을 당했다. 따라서 작품 속 교수대는 설치 후 오랜 기간 방치한 것이 아니라 바로 직전에 세워졌다고 보아야 한다.

농민 화가 브뢰헐은 이런 상황에서 대담하게 유머를 실어 정치적 은유를 담았다. 줄 것은 더 많아지고 잃을 것은 더 적어진다는 노년의 장점을 유감없이 발휘한 작품이다. 농민 화가로 불렸던 브뤼헐이 유언으로 자기 작품을 불태워버리라 했던 이유를 설명해 주는 그림이다. 그나저나 종교, 국가, 권력, 전쟁, 이런 것들은 과연 민초의 실질적인 일상에 얼마나 필수적일까? 생각이 복잡해진다. 작품은 46×50센티다. 작은 크기이지만, 커다란 담론이 담겨 있다.

"백 번 들어도 한 번 보는 것만 못하다"라는 말이 있다. 과연 그럴까? 갈릴레오 갈릴레이의 경우가 답의 단서를 제공한다. 갈릴레이는 아버지의 반대로 마음을 돌려야 했지만, 열네 살에 예수회 신부가 되려고 수련 수사 과정에 들어갈 정도로 신앙심이 깊었다. 1589년 피사 대학에 이어 스물여덟 살이되는 1592년부터 파도바 대학에서 수학을 가르쳤다. 1597년 5월 케플러의 《우주의 신비》를 지지하는 글을 썼는데, 이때 벌써 지동설이 옳다고 믿었던 듯하다. 하지만 18년간 자신의 학문적 소신을 숨기고, 학생들에게 프톨레마이오스의 천동설을 가르쳐야만 했다. 당시 파도바 지역은 해상강국 베네치아 공화국에 예속되어 교회의 감시를 벗어나 지적 자유를 만끽할 수 있는 공간이었음에도 현실은 그렇지 못했다.

1608년 네덜란드의 안경 제작자 한스 리퍼세이(Hans Lippershey, 1570~1619)가 망원경을 발명했다. 설명서를 구한 갈릴레이는 원시적인 망원경을 개조하여 배율을 아홉 배로 높

패러다임의 변화, 그 지난한 과정

였다. 그는 영리하게도 망원경을 베네치아 총독에게 헌사하고 전례 없는 높은 급여와 종신 교수직을 약속받았다. 하지만 약속이 지켜지지 않자 1610년 토스카나 궁정의 천문학자이자 수학 교사가 되었다. 갈릴레이는 부업으로 군사용 컴퍼스를 만들고, 하숙을 치며 숙박하는 일부 학생들을 대상으로 과외했다. 그 모든 것이 열악한 환경에서 가족을 먹여 살리기 위한 불가피한 선택이었다. 하지만 토스카나로 직장을 옮긴 것은 결과적으로 불행을 자초한 결정이었다.

갈릴레이는 아리스토텔레스의 직관이 최고 권위를 지니고 있던 시대에 실험적인 증거를 중시했다. 대표적인 예가 자유낙하 실험으로, 아리스토텔레스의 낙체 이론을 논파했다. 그는 경사면의 기울기에 따른 공의 도달 범위를 주의 깊게 살폈다. 아리스토텔레스가 말한 등속이 아니라 등가속도 운동으로 물체가 떨어지는 것이 낙하의 본질이라고 주장했다. 또한 배율을 30배까지 높인 망원경으로 하늘을 관측했다. 그 결과, 아리스토텔레스의 말과 달리 순수해야 할 달의 표면이 매끄럽지 않다는 사실을 발견했다. 1613년에는 《태양의 흑점에 관한 서한》을 출간했다. 그는 태양에 흑점이 존재하며, 그 흑점이 이동한다는 사실을 근거로 태양이 스스로 자전한다고 주장했다. 목성의 위성이 이오, 가니메데, 에우로파, 칼리스토 넷이라는 사실도 밝혔다. 이는 지구만 달을 거느린 것이 아니며, 모든 것이 지구를 중심으로 돌지 않는다는 점을 시사했다. 관측 결과는 아리스토텔레스주의자들로부터 논쟁을 불러일으켰고, 이 와중에 그는 부득불 코페르니쿠스 이론을 지지하는 태도를 노출했다. 결국 1615년, 그의 첫 종교재판이 궐석으로 이루어졌다. 교회 입장에서 보면, 갈릴레이의 지동설 주장이 다른 사람들의 논리보다 훨씬 더 위험했다. 직관이 아니라 과학적 관찰에 기반하기 때문이었다. 그러나 망원경을 불신했던 교회는 그의 주장을 면밀히 살피지도 않고 렌즈로부터 생긴 환영이거나 착각일 가능성이 있다고 치부했다. 갈릴레이는 절친한 케플러에게 편지를 썼다.

> "(……) 나의 거듭된 노력과 초대에도 불구하고 그들은 행성, 달, 나의 망원경 보기를 거절합니다."

종교 개혁과 반종교 개혁이 극심하게 대립했던 시기였지만, 다행히 1차 재판은 무난히 마무리되었다. 비록 '철학적으로 우매하고, 신학적으로 이단적'이라는 지적이 있었지만, 가설로 생각한다면 연구해도 무방하다는 경고 수준에서 끝났다. 하지만 갈릴레이는 코페르니쿠스의 이론이 성서와 모순되지 않는다고 교회를 설득했는데도 과학적 토론이 종교적 영역으로 옮겨 가는 상황에 분노했다. 그래서 친구였던 교황 우르바노 8세에게 중립적인 입장을 약속했으나 이를 어기고 다른 태도를 표출했다. 《두 개의 주요 우주 체계에 관한 대화》에서 그

패러다임의 변화, 그 지난한 과정

는 코페르니쿠스의 가설을 천동설과 대등하게 취급했다. 실제적으로는 지동설을 지지하는 입장 표명이었다.

이에 교회는 모욕당했다고 느꼈다. 1633년 2월, 두 번째 종교재판이 열렸다. 갈릴레이는 결국 고해자의 옷을 입고 코페르니쿠스 지동설을 공개적으로 부정해야 했다. 그리고 영구적 가택연금에 복종했다. 하지만 교회는 이 재판이 두고두고 재발하는 쓰린 상처로 남게 된다. 갈릴레이의 논리는 대중에게 성공적으로 다가갔다. 1638년 그는 시력을 완전히 잃기 몇 달 전 최고의 걸작인 《새로운 두 과학에 관한 논의와 수학적 증명》을 저술했다. 그의 첫사랑이었던 수리물리학과 함께 실험적 증명을 제시하여 아리스토텔레스 물리학에 최후의 일격을 가했다. 운동은 물체의 목적에 의해 이루어지는 것이 아니라 현상에 지나지 않는다고 결론지었다. 진정한 의미에서 근대 역학의 기초를 쌓은 것이다. 1642년 1월 8일, 그는 집에서 조용히 숨을 거뒀다. '그래도 지구는 돌고' 있었다. 사후 350년이 지난 1992년, 교황 요한 바오로 2세는 "갈릴레오 재판에서 실수가 있었다"며 공식 성명을 발표했다.

대중과 가까이, 더 가까이

16
미술에서 이론,
과학에서 글쓰기

에밀 베르나르, 〈아니에르 다리〉(1887)

미켈란젤로의 제자인 조르조 바사리(Giorgio Vasari, 1511~1574)
는 화가보다도 최초의 미술사가로 더 유명하다. 그의 저서 《미
술가 열전》은 르네상스 시대의 많은 작가와 작품에 관한 이해

를 돕는다. 심지어 위작 여부를 판독할 때마저도 그의 책은 훌륭한 근거가 된다.

한편 19세기 말 미학 이론에 밝았던 인물은 에밀 베르나르(Émile Bernard, 1868~1941)다. 그는 끊임없이 독서하며 시를 짓고, 철학과 예술론에 젖어 열아홉 살에 이미 나름의 이론 체계를 갖추었다. 고흐의 스케치를 유치하다고 지적했고, 세잔(Paul Cézanne, 1839~1906)의 초기 그림에서 가능성을 예견하고 찬사를 보냈다. 1886년, 베르나르는 시냐크를 만났는데, 고흐와 달리 그의 분할주의에 혐오감을 표출하기도 했다. 잡지 《미학 혁명》을 창간했으며, 그가 쓴 《세잔의 회상》은 세잔 연구를 위한 주요 문헌으로 꼽힌다. 이렇게 그의 풍부한 인문학적 소양은 주변 화가들에게 많은 영감을 주었다.

〈아니에르 다리〉는 베르나르가 열아홉 살이었을 때 그린 그림이다. 반 고흐의 〈센 강변의 아니에르 다리〉(1887)와 배경과 구도가 같다. 두 사람 모두 파리 코르몽 화실에서 공부했다. 그러나 탕기 영감의 화방에서 고흐가 베르나르의 작품을 칭찬했고, 첫 만남을 기념하여 그림을 교환했다. 고흐는 베르나르의 보기 드문 지식과 정직성에 깊은 인상을 받았다. 두 작품의 완성 시기까지 같은 점을 고려하면, 둘이 함께 같은 장소에서 그렸다는 사실을 알 수 있다. 하지만 화풍은 매우 대조적이다. 베르나르는 벌써 검은색의 굵은 윤곽선을 토대로 한 클루아조

대중과 가까이, 더 가까이

니즘을 시도하고 있다. 훗날 고갱(Paul Gauguin, 1848~1903)이 그를 통해 습득하게 되는 기법이다.

　베르나르는 고흐의 말을 좇아 1888년 초 퐁타방에서 고갱을 처음 만났다. 호불호가 분명했던 청년은 스무 살 많은 고갱에게 조목조목 따지며 줄기차게 논쟁을 벌였다. 고갱은 그에게서 영감을 받았고, 함께 그림을 그리며 친해졌다. 그러나 1891년 2월 23일, 타히티 경비를 마련하기 위한 작품 경매를 둘러싸고 두 사람의 우정에 금이 갔다. 같이 떠나기로 한 베르나르의 작품이 배제된 채 고갱 단독 경매가 열렸으며, 평론가들이 그에게만 집중했다. 상징주의적 종합주의 양식을 완성하기 위한 노력이 외면당한 채 작품마저 고갱의 아류로 취급받자 베르나르는 심한 스트레스를 받았다. 훗날 그는 미학 이론가로 돌아섰다.

　1610년에 발표한 갈릴레이의 《시데레우스 눈치우스》에는 과학적 근거가 취약했던 코페르니쿠스의 지동설을 튼튼히 다지는 논리가 담겨 있다. 망원경으로 달의 표면과 목성의 네 개 위성을 관찰한 결과이기에 설득력을 갖췄다. 갈릴레이는 위성 중 하나를 '메디치의 달'로 이름 붙였다. 그리고 책을 토스카나 공국의 대공 코시모 데 메디치 2세에게 헌정했다. 특징적인 점은 글에 그림을 그려가며 후원자 코시모 2세의 이해를 도왔다는 점이다. 그러나 《두 개의 주요 우주 체계에 관한 대화》에는 그런 배려가 일절 발견되지 않는다. 1633년 종교재판에서 설득해야 할 대상이 자신과 같은 자연철학자였으며, 그들은 그림을 신분이 낮은 예술가나 장인의 것으로 간주했기 때문이다. 갈릴레이는 이 책을 어려운 라틴어 대신 이탈리아어로 썼다. 그리고 살비아티, 사그레도, 심플리초라는 가상의 세 사람을 등장시켜 대화식으로 논증을 전개했다. 매우 논리적이어서 잘못된 주장도 설득력을 얻을 정도였다. 글이 쉽지 않았으나 재미가 있어 순식간에 인기를 끌었다. 상인과 귀족 심지어 대수도원장들도 앞다투어 암시장에서 책을 샀다. 책값은 정가의 열두 배까지 치솟았다.

이 대목에서 간과해서는 안 될 흥미로운 이야기를 덧붙여야겠다. 갈릴레이가 달에 산이 있다는 놀라운 발견을 했을 때, 그의 망원경은 이 사실을 확인시켜 줄 만큼 달을 확대해서 보여줄 수 없었다. 당시 다른 천문학자들도 망원경을 동원했지만 결과는 마찬가지였다. 그런데도 갈릴레이만 달의 밝은 부분과 어두운 부분의 의미를 파악할 수 있었다. 그는 물리학, 천문학과 함께 유화와 스케치를 즐겼기 때문이다. 명암대조법을 통해 달의 밝은 부분과 어두운 부분을 구분해 주는 갈지자 형태를 보고 산이 있다는 사실을 알아낸 것이었다.[*]

***

[*] 애덤 그랜트의 《오리지널스》 참조

과학과 관련된 글은 통상 어렵다. 골치 아픈 수학적 언어로 쓰였기에 더욱 그러하다. 그렇다고 풀어 설명하면 지루해지고, 생략하면 비약이 된다. 이런 점을 고려하면서 시중의 과학 도서를 살펴보면, 의외로 쉽게 쓰여 있다. 아무래도 과학자들은 별도로 글쓰기 훈련을 하는 것이 분명하다. 왜 그럴까? 아니, '왜 그래야만 했을까?'라고 질문을 바꾸는 것이 옳겠다. 질문이 훌륭해야 훌륭한 답이 나오는 법이니까.

흔히 과학자를 두 동물, 고슴도치와 여우로 나누어 비유하곤 한다. 고슴도치는 한 방향으로 깊이 파고드는 형이다. 뉴턴이 여기에 해당한다. 반면, 여우 유형은 다방면에 재주가 있다. 리처드 파인만(Richard Feynman, 1918~1988)이 대표적이다. 그는 1965년 양자전기역학 이론으로 노벨 물리학상을 받았다. 1986년 우주왕복선 챌린저호가 이륙 직후 폭발했을 때 TV에 출연해 간단한 실험으로 사고 원인을 보여주었다. 원인은 로켓 부스터 부품 오링(O-ring)이었다. 그는 익살꾼이자 훌륭한 봉고 드럼 연주자였으며, 시와 여행을 즐겼다. 마지막 하나 더, 그는 유명 저자였다. 여기서 고슴도치와 여우, 어느 편이 더 훌륭하냐고 따지는 질문은 무의미하다. 다만 과학을 과학자만의 영역으로 돌린 채 과학의 상품화에만 관심을 집중하는 사회 풍토 아래에서는 여우의 역할이 매우 중요하다.

대중의 이해나 지지가 없는 과학은 생명이 짧다. 과학은 원래 자연계의 생성, 소멸, 변화를 설명하는 기반인 아르케(시초 혹은 근원 물질)를 탐색하는 자연철학에서 발전했다. 하지만 오늘날 과학은 기술적인 응용과 연결하여 강조되는 것이 현실이다. 특히 기초과학은 국가 예산의 뒷받침이 필수적이다. 그런데 예산 결정권자 대부분이 과학과 무관한 사람들이다. 배경지식에 있어서 그들도 보통의 대중과 큰 차이가 없다는 뜻이다. 과학자는 이들에게 자기가 연구하려는 분야가 우리의 삶에 얼마나 중요한지, 투자에 따른 이익은 얼마나 되는지를 설득해야 한다. 그러니 어찌 글쓰기가 절실하지 않을 수 있겠는가? 스티븐 호킹(Stephen William Hawking, 1942~2018)이 방정식 하나를 들고 올 때마다 출판사에서 툴툴댔다. 발간될 책의 매출이 반씩 줄어든다는 이유였다. 결국, 방정식은 $E=mc^2$ 하나로 만족해야 했다고 한다. 그마저도 없었다면 1000만 부는 더 팔렸을지도 모르는 일이다.

대중과 가까이, 더 가까이

17
리히텐슈타인의 만화와
과학의 대중화

로이 리히텐슈타인, 〈이것 좀 봐 미키〉(1961)

미술사는 관행적인 양식에 대한 지난한 도전의 기록이다. 이
도전적인 실험정신을 강조하기 위해 전위예술 등 이런저런
이름을 붙여왔다. 하지만 대중은 혼란스러워했고 지루해했

다. 1960년 초반, 미술계에는 이런 시대적 쟁점을 해결하려는 팝 아트 계열의 활동 공간이 마련되었다. 팝 아트는 Popular Art(대중 예술)를 줄인 말이다. 하위문화나 매스 미디어의 이미지를 적극적으로 도입하여 전통적인 예술 개념을 타파하는 미술 운동을 뜻한다. 이 운동은 1950년대 중반에 영국과 미국에서 일어났으며, 순수예술과 대중예술이라는 이분법적 위계를 무너트렸다. 미국에서는 추상표현주의의 엄숙성에 반대하여 대중이 '가까이 다가설 수 있는 미술', '함께하는 미술'을 표방했다.

작품은 로이 리히텐슈타인(Roy Lichtenstein, 1923~1997)을 세상에 알린 〈이것 좀 봐 미키〉다. 디즈니 만화의 주인공 미키마우스와 도널드 덕을 큰 캔버스에 등장시켰다. 윤곽을 선명하게 처리하면서 상업 인쇄에 사용되던 벤데이 점(망점)을 활용한 첫 번째 대형 유화 작품이다. 아들의 한마디가 결정적이었다고 한다.

"아빠는 이런 그림 못 그리지!"

만화는 색채나 구성이 단순하고 평면적이다. 대신 강렬한 선, 말풍선을 활용해 작가의 의도를 명확히 전달할 수 있다는 장점이 있다. 그리고 임팩트가 강해 어린이로부터 사랑을 받는다. 내용은 단순하다. 도널드 덕이 윗도리 뒷자락에 낚싯바

대중과 가까이, 더 가까이

늘이 걸린 줄도 모른 채 월척을 낚은 줄 알고 흥분한다. 이 모습을 본 영리한 미키가 장갑 낀 손으로 입을 막아 터져 나오는 웃음을 참고 있다. 그러나 작가가 왜 이 장면을 골랐는지는 알 수 없다. 소위 예술다운 예술, 품위 있는 예술 행위를 한다고 자부하는 기존의 미술가들을 조롱한 것인지도 모른다.

리히텐슈타인은 이후 만화가 주는 특징을 좀 더 노골적으로 전달하기 시작했다. 특히 인쇄물임을 고백하는 망점이 대표적이다. 이런 이유로 그의 그림은 품격이 떨어진다는 지적이 있었다. 그러나 바로 그 점이 대중에게 다가가려는 팝 아트의 성격과 맞아떨어졌다. 저급 예술인 만화를 도입하여 고급 예술을 창조한다는 발상이다. 이때부터 그의 이름은 현대미술의 중심에 오르기 시작했다. 과학도 만화만큼만 하고자 하는 내용을 서술할 수 있다면, 그것이 최상일지도 모른다.

"힉스 보손(Higgs boson)이 대체 뭐길래 수십억 달러를 들여 찾겠다는 건가?"

1993년 4월 영국 과학부 장관 윌리엄 월드그레이브는 고에너지학자들에게 이런 의문을 제기했다. 그가 생각하는 과학의 목적이란 부를 창출하고 영국인의 삶의 질을 향상하는 것이었다. 이런 측면에서 공무원인 그가 세상이 무엇으로 이루어져 있는지를 아는 데 막대한 국가 예산을 써야 하는지에 대해 의문을 품은 것은 당연해 보인다. 그래서 자신에게 그 이유를 납득시킨다면, 재정 확보에 최선을 다하겠다고 약속했다. 덧붙여 "종이 한 장 분량에 평범한 말로 나를 설득하는 사람에겐 가장 아끼는 빈티지 샴페인을 선물하겠다"고 선언했다.

콘테스트에 응모한 총 117개의 후보작 중 입자물리학 교수인 데이비드 밀러의 아이디어가 선정되었다. 그는 정계의 막강한 영향력자 마거릿 대처 여사를 예로 들었다. 대처가 파티장에 모인 정계 인물들 사이로 등장하면, 주변에 사람이 모여든다. 그녀에게 의지하여 자신의 정치적 입지를 강화하기 위해서다. 따라서 밀러가 예시로 든 것은 '질량이 없는 기본 입자 보존이 힉스장과 상호작용을 교환하면서 질량을 획득한다'는 설명의 정치인 버전이었다. 월드그레이브는 약속대로 밀러에게 프랑스산 최고급 샴페인 뵈브 클리코를 선물했다. 그리고 어려운 상황이지만, 정부 지원도 계속했다. 나 같았으면, 숫자 '0'으로 설명했을 텐데……. 0은 자신이 양을 지니지 않지만, 다른 숫자와 결합할 때 비로소 양적 존재감을 드러내기 때문이다. 아! 아니다. 아무래도 정무직 월드그레이브의 직책상 정치인 버전이 더 좋겠다. 아무튼 2013년, 마침내 영국이 투자한 유럽입자물리연구소(CERN)에서 힉스 보손의 발견을 공식적으로 밝혔다.

70억 인구 중에 제일 먼저 우주의 비밀을 알았을 때 과학자는 엄청난 환희와 감격을 느낀다. 아르키메데스가 목욕탕에서 부력의 원리를 밝혀내곤 "유레카"를 외치며 벌거벗은 채 길거리로 나왔듯이 말이다. 그리고 그 감동이 크면 클수록 이야기하고 싶은 본능적 충동이 강하게 든다. 과학자들은 지금 엄청난 꿈을 꾸고 있다. '청소부에서 시장에 이르는 모든 사람이 우주의 비밀을 완전히 이해하는 세상'을 이루려 한다.* 이는 과학의 대중화와 다른 말이 아니다. 하지만 과학은 막대한 재정, 제도, 교육과 연관되어 있다. 정치와 과학의 의사소통은 특히 중요하다. 대부분의 기초과학은 정부의 직접적인 재정 지원으로 이루어지기에 이런 토대 없이는 과학자들이 원하는 세상이 쉽게 다가오지 않는다.

일본의 노벨상 수상자를 예로 들어보자. 2024년 현재 일본 국적 노벨상 수상자가 스물다섯 명이고, 그중 과학 분야가 무려 스물두 명이다. 아시아에서 1등이고, 세계적으로는 미국 다음이다. 대부분 '잃어버린 20년'이 시작된 이후에 수상했으며, 그것도 국내에서 학위와 연구를 계속한 사람들이었다. 최근 일본 경제가 긴 침체의 터널을 빠져나오는데도 뚝심 있게 투자한 기초과학이 동력으로 작용했다. 아인슈타인은 1921년 노벨물리학상 시상식이 열리던 날 그 자리에 없었다. 일본에서 강연과 황궁 방문이 있었기 때문이다. 조선이 일본의 압제

* 리언 레더먼의 《신의 입자》 참조

하에서 시름하고 있을 때였다.

대중과 가까이, 더 가까이

18
사과,
세잔과 뉴턴

폴 세잔, 〈사과와 오렌지〉(1895~1900?)

후기 인상주의 화가 폴 세잔의 대표작 〈사과와 오렌지〉다. 금
세 밑으로 떨어질 것 같은 사과가 용케 탁자 위에 매달려 있다.
그리고 굽이 달린 그릇 속 사과는 옆에서, 전경 접시에 놓인 사

과는 위에서 내려다보는 복수의 시선 처리가 발견된다. 고전적 그림과는 차원을 달리하는 파격이다.

세잔은 인상주의를 초월하여 색과 형태의 본질을 찾고자 했다. 회화에서 그간 전달했던 아름다움이나 상징이 아니라, 조형 자체에 충실했다는 뜻이다. 장시간 관찰이 필요했다. 그래서 움직임 없는 정물화에 그는 40년 동안 강박증 같은 집착을 보였다. 그림 그리는 속도 역시 느렸기에 금세 시드는 꽃보다 사과가 유리했다. 게다가 사과는 값도 쌌다. 세잔은 사과로 파리를 점령하기를 소망하며 치열하게 연작에 임했고, 총 200여 점을 그렸다. 르네상스 이후 회화는 대부분 특정한 각도에서 일관되게 그려져왔다. 한 점만을 소실점으로 하는 일점원근법이었다. 그래야 눈으로 보듯 입체감이 드러나기 때문이다. 하지만 세잔은 "화가가 의도를 담아 구도와 색채를 처리한다면 사실성을 무너뜨리더라도 무방하다"는 입장이었다. 특정한 각도에서만 그리면, 입체적 실재의 일면만 바라보게 된다. 여러 각도에서 얻은 단면을 종합할 때 비로소 그 한계를 극복할 수 있다. 이는 병원의 엑스레이 사진이 아니라 CT 촬영을 닮았다. 2019년 4월 10일, 최초로 공개된 블랙홀 사진도 마찬가지다. 미국, 멕시코, 스페인, 칠레, 남극 등 세계 여덟 개의 전파 망원경을 연결하여 얻은 사진이다. 따라서 복수의 시선 처리는 사물의 본질을 추구하던 세잔의 의도에 부합한다. 훗날 피카소가 자신의 유일한 스승이라고 한 세잔의 시도를 입체주의로 발전시켰다. 세잔은 사과로 파리가 아니라 세계를 정복했다.

사과와 관련한 유명한 이야기는 과학사에도 존재한다. 아이작 뉴턴의 사과가 대표적이다. 뉴턴은 1661년 6월 영국 케임브리지 대학교 트리니티 칼리지에 입학했다. 코페르니쿠스의 《천체의 회전에 관하여》가 발표된 지 120년이 지났는데도 여전히 학교에선 아리스토텔레스만 가르치고 있을 때였다. 1665년부터 유행하던 페스트가 지나고 돌아온 뉴턴은 1669년 스물여섯 나이로 모교의 수학 교수가 되었다. 드디어 1687년, 그는 자신을 유명하게 만들어준 《프린키피아》를 출간했다. 케플러의 천문학과 갈릴레이의 역학을 총망라했고, 물체 운동을 수학적 언어로 통합했다.

그의 논지는 세 가지 법칙, 즉 ①관성의 법칙, ②가속도의 법칙, ③작용 반작용 법칙과 만유인력이 골자다. 천체의 궤도 운동을 기하적으로 쉽게 풀어 썼으며, 그 힘이 천상과 지상에 공통으로 작용하는 중력이라고 설명했다. 이 지점에서 페스트 창궐 당시 만유인력에 대한 착상과 사과가 연결된다. 뉴턴이 어느 날 사과가 땅으로 떨어지는 것을 보고 "왜 달은 그대로 떠 있는데, 사과는 땅으로 떨어질까?"라는 의심이 들었다는 이야기는 잘 알려져 있다. 그 물음의 답은 사과도 땅을 같은 힘으로 잡아당기지만, 질량 차이로 인해 나타나는 현상이라는 것이다. 하지만 일화 자체는 뉴턴의 천재성을 과장하기 위한 전설적인 스토리텔링이었다.

중력은 오늘날 상식이 되었지만, 아리스토텔레스로서는 상상조차 할 수 없었던 아주 미세한 힘이다. 중력을 눈으로 확인할 수 있는 좋은 사례가 저울이다. 우리가 저울 위에 올랐을 때 저울이 가리키는 눈금, 즉 몸무게는 지구 중력이 우리 몸에 미치는 크기다. 뉴턴은 태양 중심 모형에서 발전하여 행성의 움직임에 관한 원인을 밝혔다. "모든 물체는 다른 모든 물체를 끌어당기고 있다"는 중력 법칙이다. 구체적으로 "태양과 행성(혹은 두 물체) 사이에 작용하는 힘은 두 질량의 곱에 비례하고, 거리의 제곱에 반비례한다"는 역제곱 법칙이다. 여기서 중요한 점은 중력을 신의 섭리가 아니라 수학적 물리량으로 밝혔다는 사실이다. 이로써 뉴턴은 코페르니쿠스의 지동설에서 시작한 과학 대혁명을 완성했다.

이쯤에서 이런 질문을 떠올릴 수 있다. "달이 지구로 떨어지지 않고 어떻게 지구 주위를 궤도 운동할까?" 결론부터 이야기하면, 달도 사과처럼 지구를 향해 떨어진다. 이때 중력이 작용하지 않는다면, 관성에 의해 달의 운동은 영원히 수직으로 진행된다. 하지만 지구가 달을 끌어당김으로써 낙하 궤도를 휘게 한다. (이 부분은 따로 아인슈타인의 일반상대성이론에서 바로잡자.) 그리고 달과 지구의 힘이 균형을 이루는 지점에서 궤적 운동을 한다. 달의 공전이다. 몸무게가 다른 두 사람이 몸을 뒤로 기울인 채 서로 손을 팽팽하게 마주 잡고 회전한다고 상상하면, 이해에 도움이 될 것이다. 반면 지상에서는 중력의 힘을 이기지 못해 상황이 다르게 전개된다. 초속 11킬로미터(지구 탈출 속력) 이상의 속도로 날아가지 않는 한, 로켓조차도 지구 중력을 이길 수 없다. 빨려 들어가듯 포물선을 그리며 결국 땅으로 떨어진다. 천상과 지상이라는 배경만 다를 뿐, 중력은 똑같은 힘으로 작동한다.

18세기까지만 해도 사람들이 지구 외에 맨눈으로 볼 수 있는 행성은 수성, 금성, 화성, 목성, 토성 다섯 개였다. 1781년 독일 태생의 영국 천문학자 허셜(Frederick William Herschel, 1738~1822)이 망원경으로 천왕성을 발견했다. 그런데 궤도가 이상했다. 뉴턴의 이론에 따라 움직이지 않았다. 영국의 애덤스(John Couch Adams, 1819~1892)와 프랑스의 르베리에(U.J.J. Le Verrier, 1811~1877)가 뉴턴의 이론에 근거하여 아이디어를 냈다. 천왕성 너머에 있는 미지의 행성이 중력 작용을 한다는 가설이었다. 마침내 1846년, 독일의 요한 고트프리트 갈레(J.G. Galle, 1812~1910)가 망원경으로 르베리에가 예측한 지점에서 행성을 발견했다. 해왕성이었다. 이로써 실험과 관찰에 의존했던 과학에서 수학이 훌륭한 도구가 될 수 있다는 사실이 입증됐다. 뉴턴의 수학은 초기 조건만 안다면, 미래의 모든 일을 정확히 예측할 수 있다는 결정론으로 발전했다. 이것이 지나칠 경우 미신을 동반하게 되지만, 이는 훗날의 일이다.

1860년 영국의 물리학자 맥스웰이 힘을 전자기력으로 확장하기 전까지 뉴턴의 중력이론은 고전 물리학에서 독보적인 위치를 차지했다.

대중과 가까이, 더 가까이

19
뉴턴과 라이프니츠의 논란과
예술에서의 표절

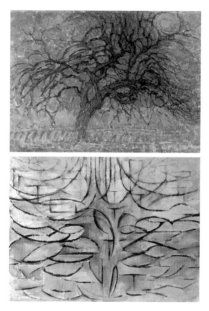

피에트 몬드리안, 〈저녁: 붉은 나무〉(1908) (위쪽)
피에트 몬드리안, 〈꽃 피는 사과나무〉(1912) (아래쪽)

〈저녁: 붉은 나무〉와 〈꽃 피는 사과나무〉, 피에트 몬드리안(Piet
Mondrian, 1872~1944)의 나무 연작 중 두 작품을 골랐다. 4년의
시차를 두고 완성한 그림을 비교해 보면 몬드리안이 그간 나무

의 본질에 집중했다는 사실을 알 수 있다. '단순한 것일수록 아름답다'는 그의 미학적 통찰이 드러났다. 그는 빨강, 파랑, 노랑의 삼원색과 수직선만으로 격자 모양의 추상화를 그렸다. 절제된 구도, 감정의 삭제, 치열한 실험정신을 구현했기에 그의 그림은 '차가운 추상'이라고 불린다.

추상화가 지향하는 이런 단순성은 피카소의 〈황소〉(1945) 연작에서도 발견된다. 피카소 역시 자기 영웅에게서 필요한 모든 것을 흡수했다. 그리고 필터를 거친 후 놀라울 정도로 독창적인 작품을 완성했다. 이때부터 그는 작품에 이니셜 대신 'Picasso'라고 서명했다. 이후 조각가 헨리 무어부터 애플의 공동 창립자 스티브 잡스까지 아주 많은 사람이 피카소에게서 아이디어를 훔쳤다. 그때 사람들은 피카소의 말을 인용했다.

"좋은 예술가는 모방하고, 위대한 예술가는 훔친다."

뉴턴은 자신을 칭찬하는 사람들에게 겸손하게 이야기했다. "내가 만약 다른 이들보다 더 멀리 볼 수 있었다면, 그것은 바로 거인들의 어깨에 올라섰기 때문입니다." 그가 말하는 거인의 명단에는 존 월리스, 피에르 드 페르마, 갈릴레이, 케플러 등이 들어갈 수 있다. 그중 갈릴레이의 역학은 속도와 가속도에 관한 이해가 필수적이다. 그런데 위치를 미분하면 속도가 되고, 속도를 미분하면 가속도가 되니 그의 역학에 이미 미분의 개념이 들어 있다고 보아야 했다. 월리스는 그의 저서《무한 소수론》에서 초기 형태의 미적분을 이미 개발했다. 그럼, 역으로 뉴턴은 자신에게서 영감을 얻은 다른 과학자에게도 일관된 태도를 보였을까? 아니다. 17세기 라이프니츠(Gottfried Wilhelm von Leibniz, 1646~1716)와의 미적분을 둘러싼 논쟁에서 그는 전혀 다른 면모를 보여주었다.

1660년 영국왕립학회가 탄생했다. 연구 비용의 증가에 따라 학자 간 공조가 필요했기에 만들어진 기구였다. 서기 헨리 올덴버그는 학회가 진리와 지식의 확장을 중요시한다고 이야기했다. 하지만 지식의 공유가 활발히 추진되면, 누구의 발상이 먼저냐는 문제가 자연스럽게 표면화된다. 1675년 독일의 라이프니츠가 적분 기호 ∫와 미분 기호 dx와 dy를 수학에 도입했다. 그리고 1684년《악타 에루디토룸》을 통해 미적분을 발표했다. 그는 케플러 이후 사그라든 독일 과학의 대표주자였다. 반면 뉴턴의 미적분 발표 시기는 애매했다. 선수를 빼앗겼는데도 그는 출판을 서두르지 않았다. 1672년《빛의 굴절과 분산에 관한 연구》가 학계로부터 맹렬한 공격을 받자, 그 충격으로 논쟁을 극도로 기피했던 태도에서 기인한 것이었다. 대신 라이프니츠가 찾아와 자신에게 도움을 구했다며, 1676년에 보낸 두 차례 편지를 근거로 제시했다. 하지만 이때만 해도 큰 논쟁으로 퍼질 기미는 없었다.

뉴턴은 유율법이란 용어를 사용했다. 유율법이란 '한없이 커지는 유량(流量)'을 말하며, 순간적인 증가 또는 감소를 나타내는 변화율이 바로 미분이다. 그의 최대 역작 프린키피아, 즉 자연철학의 수학적 원리에서도 미적분의 흔적을 모두 지우고, 유클리드의 기하학 논거를 이용했다. 읽는 이의 이해를 쉽게 하기 위한 배려로 추정한다. 한편 이 과정에서도 로버트 훅과 역제곱 법칙의 우선권 논쟁이 시작되었고, 뉴턴은 제3권의 출판을 거부했다. 천문학자 핼리(Edmund Halley, 1656~1742)가 자비를 들여가며 설득한 끝에 간신히 출판을 마칠 수 있었다. 그리고 미적분 이론을 공식적으로 다룬《유율과 급수의 방법에 관하여》는 뉴턴 사후 10년이 지나서야 출판되었다.

미적분과 관련한 다툼은 당사자 대신 영국파와 대륙파로 갈려 1세기 이상 상대방을 계속 비방했다. 사실 유럽 대륙에서는 뉴턴의 존재가 잘 알려져 있지 않았다. 반면 라이프니츠의 미분은 편리성에서 환영받았다. 당시 스위스의 요한 베르누이는 뉴턴이 라이프니츠의 미적분학을 활용했다고 주장했다. 하지만 존 케일, 윌리스, 듀일리 등 영국의 뉴턴 결사대는 '라이프니츠가 뉴턴의 생각을 훔쳤다'고 생각했다. 여러 가지 정황을 보건대 뉴턴이 먼저 알았던 것이 확실해 보였다. 1711년 영국 왕립협회에서도 같은 결론이 났다. 그러나 오해의 소지를 만든 인물은 뉴턴이었다. 그는 라이프니츠에게 분명한 메시지를 전하지 않았다.

또한 갈등의 배경에는 수학을 뛰어넘는 두 사람의 철학

과 종교관 차이가 깊게 판 골이 있었다. 미적분은 무한대와 무한소 개념으로 발전하였으며, 과학 전반과 종교에 엄청난 영향을 미쳤다. 뉴턴은 수학이 자연철학을 연구하기 위한 도구라고 여겼다. 그러나 라이프니츠는 수학을 인간의 합리적인 사유를 돕는 보편적 원리로 생각하여 신의 완전성을 믿는 추론으로 발전시켰다. 예를 들면, 시간과 공간의 절대성을 믿은 뉴턴을 향해 라이프니츠가 그것은 신의 능력에 제한을 가하는 것이라고 반박했다. 뉴턴은 불쾌했다. 그리고 영국 수학자들은 조국의 위대한 뉴턴이 모욕당했다는 생각에 함몰되었다. 그사이 대륙의 수학자들은 라이프니츠의 미적분을 통해 뉴턴의 발상을 수리 물리학의 핵심 도구로 발전시켰다. 파동 방정식(베르누이, 달랑베르), 열 방정식(푸리에), 라플라스 방정식, 푸아송 방정식 등이 그것이었다. 결과적으로 영국의 우선권 논란은 비생산적이었다.

학문적 입장에서 두 사람은 서로의 능력을 인정했다. 특히 라이프니츠는 학계가 뉴턴에게 수학적 지식에 관해 빚을 졌다며 찬사를 보냈다. 뉴턴도 라이프니츠가 수학 연구에 새로운 차원을 열었다는 사실에 대해 함구한 것이 실수였음을 뒤늦게 깨달았다. 그의 미적분 표기법의 장점을 받아들이지 않아, 영국의 수학 발전을 수십 년 후퇴시켰기 때문이다. 하지만 우수한 외교관이자 정치가이기도 했던 라이프니츠는 다른 쟁점에서도 수고를 낭비하면서 빛을 잃기 시작했다. 말년에 전신이 마비되는 가운데 가까운 친척도 친구도 없이 사망했다. 기사 작위를 받은 뉴턴이 사후 국장의 예우를 받은 사실과 견주어 볼 때 처참한 최후다. 19세기에 이르러 노이슈테터 교회에 안장된 그의 무덤에 묘비가 세워졌다. 묘비명에는 뼈를 때리는 교훈이 적혀 있었다.

"시간을 허비하면, 삶의 일부가 사라진다."

20
블레이크와 뉴턴:
이성과 감성의 조화

윌리엄 블레이크, 〈아이작 뉴턴〉(1795~1805) (왼쪽)
윌리엄 블레이크, 〈유리즌〉(1794) (오른쪽)

윌리엄 블레이크(William Blake, 1757~1827)는 영국 런던에서
양말 공장 직공의 아들로 태어나 독학으로 시인이자 화가가
되었다. 그는 낭만주의 작가다. 이성이나 합리성보다는 인간

의 감성과 상상력이 갖는 힘을 중요시했다. "예술은 생명의 나무, 과학은 죽음의 나무"로 비유하기까지 했다. 이런 태도를 반영한 작품이 왼쪽 그림 〈아이작 뉴턴〉이다.

해저 혹은 동굴 깊숙한 심연에서 오색찬란한 자연을 등진 채 근육질 남자가 바위에 걸터앉았다. 뉴턴이다. 그는 등을 구부리고 불편한 자세로 긴 두루마리 위에 달랑 컴퍼스 하나로 다이어그램*을 그리며, 캄캄한 세계를 벗어날 비밀을 찾고 있다. 컴퍼스는 이성을 상징한다. 따라서 풍경을 등진 자세는 인간의 영적 가치를 도외시하고 오직 이성에만 의지하려는 환원주의를 의미한다. 그렇다. 블레이크는 지금 위대한 과학자의 이성을 감히 조롱하고 있다. 이성을 통해 우주의 무한한 이치를 깨달은 양 행동하는 뉴턴과 영국 사회의 어리석음을 나무란다.

과학사에서 기적의 해는 아인슈타인의 1905년 그리고 뉴턴의 1666년을 지칭한다. 열여덟 살에 케임브리지 대학교 트리니티 칼리지에 들어간 뉴턴이 스물두 살이 되던 1665년에 런던이 대화재로 폐허가 되었고 도시에 페스트가 덮쳤다. 결국, 대학의 문마저 닫혔다. 뉴턴은 하는 수 없이 페스트의 기세가 꺾일 때까지 2년간 고향 울즈소프 집에서 지냈다. 기간 중

---

*   diagram. 기호, 선, 점 등을 사용해 각종 사상의 상호관계나 과정, 구조 등을 이해시키는 설명적인 그림

대중과 가까이, 더 가까이

런던에서만 약 3만 1,000명이 페스트로 죽었다. 그러나 뉴턴은 깊은 숙고를 통해 수학(무한수열과 미적분), 물리학(만유인력법칙), 그리고 광학(색 이론) 분야의 통찰력을 모두 구축했다. 그는 말했다.

"나는 모든 아이디어를 흑사병이 돌았던 1665∼1666년에 떠올렸다. 당시는 나의 창조력과 수학적 사고력 그리고 철학에 대한 이해가 최고조에 달했던 시기였다."**

뉴턴은 천재라는 수식어를 붙여도 전혀 무리가 없는 인물이다. 대저서 《프린키피아》는 인류가 그간 쌓아 올린 물리학, 천문학, 역학에 관한 패러다임을 한꺼번에 바꾸어버렸다. 그뿐 아니라 인간의 이성으로 우주를 이해할 수 있다는 낙관적인 분위기를 조성했다. 한편 블레이크의 작품은 이성도 감성과 결합해야만 빛을 발한다며 과학만능주의를 경고한다. 시 〈순수의 전조〉에서 그는 이렇게 노래했다.

한 알의 모래에서 세계를 보고
한 송이 들꽃에서 천국을 본다

** 프랭크 윌첵의 《뷰티풀 퀘스천》 참조

그대 손바닥에 무한을 쥐고

찰나의 순간을 통해 영원을 보라

그러나 블레이크가 과학 자체를 깎아내리지는 않았다. 우주가 수학 법칙에 따라 운영된다는 사실을 그는 인정했다. 오른쪽 작품 〈유리즌〉이 그 근거다. 그림 속 창조주는 뉴턴처럼 컴퍼스를 들고 세상을 재단한다. 창조주가 학자였다면, 수학자였을 것이라는 점을 강조한 작품이다. 〈아이작 뉴턴〉은 역설적으로 영국 사회에서 뉴턴이 얼마나 막강한 위치를 차지하고 있었는지를 가늠케 해준다. 신분제도가 엄격했던 프랑스에 대해 비판적이었던 작가 볼테르는 뉴턴의 국장을 보고 깜짝 놀란 바 있다. 평민이었던 그의 관을 두 사람의 공작과 세 사람의 백작 그리고 대법관이 운구하는 것을 보았기 때문이었다. 게다가 그의 시신은 주로 국왕이 묻히는 웨스트민스터 사원에 안장됐다. 볼테르는 이때의 감동을 프랑스 지식인에게 전하면서 그들의 각성을 촉구했다. 그리고 디드로의 《백과전서》에 협조하여 왕권신수설을 위협하는 계몽주의의 확산을 도왔다.

세월이 흘러 1959년 5월, 영국 물리학자이자 소설가인 찰스 퍼시 스노(Charles Percy Snow, 1905~1980)가 '두 문화'라는 제목으로 강연했다. 그리고 이번엔 거꾸로 과학자들의 인문학적 지식에 대해 불신하는 참석자들에게 물었다.

대중과 가까이, 더 가까이

"열역학 제2법칙, 즉 엔트로피 법칙을 설명할 수 있습니까?"

높은 수준의 교육을 받았다는 그들의 반응은 냉담하고 부정적이었다. 그러자 스노는 "당신에게 셰익스피어의 작품을 읽은 일이 있습니까?"라는 수준에서 과학에 관한 질문을 던진 것이라고 덧붙였다. 과학은 과학자에게만 맡긴 채 인문학을 기준으로 지성인이나 교양을 규정하는 당시 현실을 꼬집는 통렬한 질문이었다.

21
추상의 탄생과
연금술

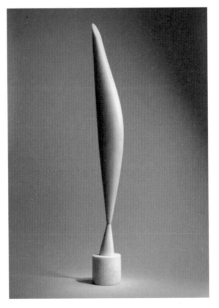

콘스탄틴 브랑쿠시, 〈공간 속의 새〉(1923)

추상화란 풍경, 인물을 비롯한 구체적인 대상을 재현하지 않
는다. 대상의 형태와 색채에서 실체를 전혀 분간할 수 없더라
도 얼마든지 아름다울 수 있다는 새로운 발견이다. 따라서 추

대중과 가까이, 더 가까이

상화는 사실주의 회화와 가장 먼 양식이다. 1908년쯤 바실리 칸딘스키(Wassily Kandinsky, 1866~1944)의 발상에서 출발했으며, 기존의 정형적인 사고 체계를 뒤집어 놓았다. 그런데 그림뿐 아니라 조각에도 추상이 있다. 미술의 변방 국가였던 루마니아 출신 조각가 콘스탄틴 브랑쿠시(Constantin Brancusi, 1876~1957)가 그 시작이었다.

추상 조각으로 가장 먼저 완성한 그의 작품 〈공간 속의 새〉에 얽힌 재밌는 일화가 있다. 1926년 미국의 사진작가 에드워드 스타이켄은 파리에서 이 작품을 구입해 돌아오면서 면세품인 '미술품'으로 세관에 신고했다. 그러나 세관원은 부리와 날개, 깃털이 달린 새 미술품을 발견할 수 없었다. 그래서 세관원은 광택이 나는 금속 조형물을 '주방용기와 병원용품'으로 분류하고, 230달러의 관세를 매겼다. 스타이켄은 세관을 상대로 소송을 제기했다. 재판에서 브랑쿠시는 "평생토록 나는 비상의 본질을 추구했다"고 증언했고, 스타이켄은 "미술가가 새라고 했으니, 이것은 새"라고 주장했다. 그러자 판사가 스타이켄에게 물었다.

"만일 사냥을 나갔는데 나무 위에 저것이 있다면, 새라고 여기고 쏘았겠습니까?"

당황한 스타이켄은 대답을 못 했지만, 어쨌든 재판장은 '(새를 연상하기는 어렵지만) 관람하는 즐거움이 있으며, 상당히 장식적이기에' 미술품이라고 판결했다. 〈공간 속의 새〉는 이렇게 미국 법원으로부터 인정받은 최초의 추상 조각이 되었다. 브랑쿠시는 새와 관련한 연작을 스물일곱 점이나 완성했다. 그중에 〈공간 속의 새〉가 열여섯 점이다. 재료도 대리석부터 금속에 이르기까지 다양하다. 양식 면에서는 그의 대표 연작 〈키스〉보다 훨씬 더 추상적이다. 그의 말대로 새를 재현한 것이 아니라, 비상의 본질을 간결하고 기하학적으로 표현했기 때문이다. 따라서 이 작품은 제목처럼 새의 형태에 치우치지 말고, 작품을 둘러싼 공간까지 포함하여 감상해야 한다.

연금술도 사고의 전환을 요구한다. 납을 금으로 만들고, 영원한 생명을 추구하는 허황된 마술로만 받아들여서는 본질에 접근할 수 없다. 연금술사들은 금속이 성장한다고 믿었으며, 그 정상은 완전하고 고결한 금이라 여겼다. 따라서 납이나 구리, 철과 같이 성장을 멈춘 금속을 금으로 바꾸기 위해서 그들에겐 '현자의 돌'이 필요했다. 르네상스 시대의 마지막 화가 알브레히트 뒤러가 〈멜랑콜리아1〉(1514)에서 다면체로 표현한 바로 그 돌이다.

의학에서도 연금술의 논리가 작용했다. 병든 몸에서 불순물을 걸러내면 건강을 회복할 수 있다는 것이었다. 앞서 설명한 스위스 의사이자 연금술사였던 파라켈수스(Paracelsus, 1493~1541)가 대표적이다. 그는 전통 의학을 부정했다. 권위를 상징하는 가운 대신 연금술사가 입던 가죽 앞치마를 두르고, 라틴어 대신 독일어로 강의했다. 1572년 바젤의 대성당 밖에서 학생들이 지켜보는 가운데 고대 그리스의 의학자 갈레노스의 서적과 체액설에 근거한 이븐 시나의 《의학전범》을 불태우기도 했다. 체액설은 질병이 혈액, 점액, 흑담즙, 황담즙이 네 가지 체액의 불균형 상태라고 주장하는 고대 의학 이론이다. 하지만 파라켈수스는 질병이란 특정 신체 부위에서 이질적인 작용을 일으키는 인자들로 인해 발생한다고 여겼다. 그래서 대항인자를 찾으려 연금술에 의존했다.

당시 연금술은 유럽 최초의 실험과학이었다. 파라켈수스는 자연에 있는 흔한 원료에서 효능이 있는 치료제를 추출하려는 의도에서 연금술을 시작했다. 그중 하나가 아편에서 추출한 마취 및 진통제였다. 그의 이런 행동은 당시로선 혁명이며, 위선에 찬 의사들을 향한 독설이었다. 하지만 그의 제자 중에는 미신의 영역인 무기 연고 치료술을 펼친 이들이 있었다. 총상을 입은 환자의 상처 부위가 아니라 총구에 연고를 바르는 기이한 방법이었다. 자연과 인간이 상호 감응한다는 생각에서 출발한 주술적 치료법이었다. 이 때문에 연금술은 물론이고, 이를 기초로 하는 파라켈수스의 의술에 관한 본질마저 흐려졌다.

이런 오명에도 불구하고 연금술은 150년 후 뉴턴이나 멘델, 괴테 등 지성인 사이에서도 여전히 관심이 높은 분야였다. 그중 괴테는 연금술을 '값어치 없는 종이를 지폐와 같이 값나가는 것으로 변형하는 작업'이라고 규정했다. 핵심을 찌르는 개념 정의였다. 뉴턴은 광학이나 물리학보다 연금술에 많은 시간과 노력을 쏟았다. 영국의 경제학자 존 메이너드 케인스는 연금술과 관련해 뉴턴이 남긴 1500만 단어 분량의 메모와 그림을 보고, 이성의 시대 첫 인물이 아니라 마지막 마법사라고 평가했다. 뉴턴은 만유인력 법칙을 통해 천상의 운동(달)과 지상의 운동(사과)을 하나로 통일했다. 이는 연금술의 근본 법칙, '아래에 존재하는 것들은 위에 존재하는 것들과 같다'와 맥을 같이한다. 그러나 프랑스를 비롯한 유럽 대륙에서는 만유인력을 비판했다. 물체 간 보이지 않는 중력의 원격작용은 연금술처럼 주술적 신비주의로 보였기 때문이다.

연금술이 근대 의학, 역학, 화학으로 발전한 것은 납을 금으로 바꾸려는 탐욕을 넘어선 가치의 재창출이기에 가능했다. 그중 화학과 연금술은 경계가 불분명했다. 화학을 뜻하는 'chemistry'는 연금술 'alchemy'에 뿌리를 두었기 때문이다. 연금술을 탐구하는 과정을 통해 황산, 왕수, 인, 질산 등과 같은 물질이 발견되었고 도가니, 플라스크, 증류기 등 지금도 사용하는 많은 화학 기구가 만들어졌다. 이렇게 축적된 연금술에 관한 지식은 앙투안 라부아지에(Antoine Lavoisier, 1743~1794)

가 나타나기까지 과학에서 절대적인 자리를 차지했다. 라부아지에는 물질의 연소 과정을 밝혀냈다. 연금술과 화학을 가르는 중요한 과제 "어떤 물질은 쉽게 타고, 어떤 물질은 왜 쉽게 타지 않느냐?"라는 질문에 대한 과학적인 답이 되었다. 1753년이 되자 화학은 연금술과 완전히 결별한다. 그리고 1772년, 디드로가 집필한 총 서른다섯 권의 프랑스《백과전서》에서는 연금술은 '물질을 녹이고 변형하는 기법', 화학은 '물질의 구성 성분을 분리, 결합하는 법칙에 관한 학문'이라고 구분했다.

그럼 입자물리학이 발달한 오늘날 상황은 어떠한가? 핵분열, 핵융합이 가능해지자 원자 역시 변할 수 있다는 점이 드러났다. 경제성이 없지만 입자가속기를 통해 '금이 아닌 것에서 금을 만드는 것'이 가능해진 것이다. 수은을 베릴륨과 충돌시키면, 수은 원자핵에서 양성자 하나가 날아가면서 금으로 바뀐다. 이로써 연금술의 목표 중 하나가 구현되었다. 뒤늦게 연금술에 대해 재평가가 이루어져야 한다는 말이 아니다. 다만 미신으로만 치부하기 전에 연금술이 이루어놓은 학문적 업적도 인정해야 공평하지 않겠냐는 문제 제기다.

22
〈마라의 죽음〉과
라부아지에

자크루이 다비드, 〈마라의 죽음〉(1793)

프랑스 신고전주의를 이끈 자크루이 다비드(Jacques-Louis David, 1748~1825)의 대표작 〈마라의 죽음〉이다. 다비드는 프 랑스 대혁명에 참여하여 로베스피에르와 함께 자코뱅당을 이

대중과 가까이, 더 가까이

끌었다. 1793년 7월 13일, 그의 동료이자 급진주의 선봉 논객인 장 폴 마라가 암살됐다. 마라는 지롱드당의 스물네 살 시골 처녀 샤를로트 코르데의 칼에 찔렸다. 하지만 자코뱅당은 그의 죽음을 혁명에 이용하기로 했다. 다비드는 그 현장을 묘사하면서 처참했던 흔적을 모두 지워버렸다. 그리고 마라가 공무에 열중한 모습을 부각하여 민중을 위해 헌신한 순교자처럼 꾸몄다. 하지만 공화파였던 다비드가 로베스피에르 사후 〈나폴레옹 대관식〉(1807)을 사실 이상으로 화려하게 치장함으로써 자신의 변절을 만천하에 고백했다. 나폴레옹의 제1 화가였던 그는 결국 황제 퇴위 후 1816년에 벨기에 브뤼셀로 망명하여 불행한 말년을 보냈다.

한편 의사인 마라는 '현대 화학의 아버지' 앙투안 라부아지에의 죽음과 깊은 관련이 있다. 1779년경 라부아지에가 과학 아카데미 회원이었을 때, 마라가 회원 신청을 했다. 마라는 일종의 초기 적외선 탐지기를 만들었는데, 양초나 포탄의 꼭대기는 물론 벤저민 프랭클린의 대머리에서 나오는 미미한 열도 감지할 수 있다고 주장했다. 하지만 라부아지에는 그의 논리와 실험이 부당하다고 지적했다. 마라는 수치심을 느꼈고, 그에게 앙심을 품었다는 말이 돌기도 했다.

라부아지에는 1793년 혁명정권의 재판에서 참수형이 선고됐다. 회계사이기도 했던 그의 혐의는 두 가지였다. 밀수꾼을 막고 통행세를 거두기 위해 그는 파리시 주변에 성을 쌓는 일을 감독했는데 혁명이 시작되자 성은 가장 큰 장애물로 작용했다. 그의 결정적인 혐의는 구체제에서 세금 징수회사였던 페르므 제네랄의 지분을 갖고 있었다는 사실이다. 이 회사는 왕과 계약을 맺고 목표 이상의 이익을 징수했는데, 평판과 달리 가난한 사람들에게만 원칙 없이 징수했다. 하지만 라부아지에는 과학 연구에 필요한 막대한 재원을 창출하는 수입원을 포기할 수 없었다. 그렇다고 해도 누군가가 세금 징수에 있어 이익을 취하는 행위는 민중의 희생이 뒤따른다는 측면에서 문제가 있었다. 그러나 목숨을 대가로 치르기에는 도를 넘었다. 라부아지에는 남은 생을 연구를 위해 살 수 있도록 해달라고 재판정에 요청했다. 그러나 판사는 딱 잘라 거절하며 이렇게 말했다.

"우리 공화국은 과학자도, 화학자도 필요로 하지 않는다. 정의는 연기될 수 없다."

라부아지에는 화학 교과서에서 먼저 나오는 인물 중 하나다. 그의 가장 큰 공헌은 연소에 있어서 산소의 역할을 밝힌 것이다. 또한 녹이 슬거나 호흡하는 것도 모두 연소와 같은 현상으로 이해했다. 기존의 플로지스톤 이론을 무너뜨리고, 화학에서 패러다임을 바꾼 혁명적 발상이었다. 그러나 산소를 먼저 발견한 인물은 영국의 화학자 조지프 프리스틀리(Joseph Priestley, 1733~1804)이며, 1774년에 실험 내용을 라부아지에에게 가르쳐주었다. 그리고 프리스틀리는 플로지스톤 이론에 지나치게 경사되어 산소를 '탈 플로지스톤 공기'라고 불렀다. 쇠가 녹이 슬면 더 무거워지는데도 오히려 플로지스톤이 빠져나가는 현상이라고 설명했다. 플로지스톤이 마이너스 무게를 가졌다는, 기발하지만 무리가 있는 주장이었다. 하지만 전체적으로는 플로지스톤 이론도 나름 설득력을 갖춘 훌륭한 이론이었다.

영국의 헨리 캐번디시(Henry Cavendish, 1731~1810)가 1766년 발견한 가연성 공기의 경우도 비슷했다. 그는 1780년대 초에 가연성 공기가 탈 때 물이 형성된다는 사실을 발견했고, 물을 더 이상 분해될 수 없는 원소로 간주했다. 그러나 라부아지에는 물이 원소가 아니라 화합물이라고 주장했다. 그리고 가연성 공기를 수소라 이름 붙였다. 라부아지에는 물을 분해해서 수소를 싼값에 대규모로 만들어냈다. 이 과정을 통해 산소와 수소가 8:1의 무게 비율을 보인다는 사실을 확인했다. 훗날 이 사실은 질량 보존의 법칙과 합쳐져 존 돌턴(John Dalton, 1766~1844)의 원자설에 실험적 근거로 사용되었으리라 추정한다. 이로써 2,000년간 유지되던 물, 불, 공기, 흙의 4원소설이 무너졌다.

이어 라부아지에는 《화학 원론》에서 서른세 종류의 원소를 표로 정리했다. 이후 지금까지 밝혀진 원소는 모두 112종이다. 그러나 네 가지로 알고 있던 당시의 원소 체계를 이 정도로 근대화했다는 점은 비약적 발전이 분명하다. 이 대목에서 여담 하나를 덧붙이자면, 그가 정리한 원소 중에는 빛이 당당하게 자리했다. 뉴턴이 주장한 빛의 입자설 때문이었다. 그러니 그 역시 물을 원소라고 했던 캐번디시를 일방적으로 비난할 처지는 아니었다.

흥미롭게도 다비드가 〈라부아지에와 그의 아내 마리〉 (1788)를 그렸다. 다비드는 훗날 라부아지에와 그의 장인의 참수형 집행 영장에 서명한 위원 중 한 명이었다. 다비드에게 그림을 배운 마리 안(Marie-Anne Pierrette Paulze Lavoisier, 1758~1836)은 이 그림을 위해 무려 7,000리브르(오늘날 한화 약 10억 원)라는 거액을 지불했다. 세금 징수사의 상급자 자크 폴즈의 딸인 그녀는 열네 살에 라부아지에와 결혼했다. 영어와 라틴어에 능통했고, 결혼 후 남편에게서 화학과 수학을 배우는 등 학구열이 남달랐다. 화학자가 된 그녀는 남편의 실험을 도우면서《화학 원론》에 열세 개의 훌륭한 도판을 그렸다. 또한 영국 리처드 커완의《플로지스톤에 대한 에세이》를 프랑스어로 번역하여 플로지스톤 논쟁에서 남편의 승리를 도왔다. 1794년, 혁명궁으로 보내진 라부아지에는 장인에 이어 단두대에 올라 처형되었다. 그가 죽은 지 두 달 후 친구이자 수학자 조제프루이 라그랑주(Joseph-Louis Lagrange, 1736~1813)가 한탄하며 말했다.

대중과 가까이, 더 가까이

"그의 머리를 베어버리는 데에는 순간으로 족하지만, 그와 같은 머리를 다시 만들어내려면 100년도 더 걸릴 것이다."

혁명은 진정 인간의 피를 거름으로 열매 맺는 것일까? 프랑스는 라그랑주의 말처럼 라부아지에 사후 100년 동안 뛰어난 화학자를 배출하지 못했다. 그리고 라부아지에에게서 질산염 추출과 제조에 관한 지식을 얻었던 엘뢰테르 이레네 듀폰(Éleuthère Irénée Du Pont, 1771~1834)이 미국으로 망명했다. 그는 1802년 미국에서 화학회사를 세웠다. 바로 듀폰이다.

23
실력으로 입증하라,
우첼로와 패러데이

파올로 우첼로, 〈숲속의 사냥〉(1470)

르네상스 시대 피렌체에는 마사초와 레오나르도 다빈치 사이
에 파올로 우첼로(Paolo Uccello, 1397~1475)가 활동했다. 우첼
로는 열한 살에 로렌초 기베르티(Lorenzo Ghiberti, 1378~1455)

대중과 가까이, 더 가까이

가 운영하는 공예 공방에서 도제 생활을 했다. 기베르티는 브루넬레스키와 세례당 문의 청동 부조 제작을 두고 세기의 경쟁에서 이긴 당대 가장 뛰어난 조각가였다. 우첼로는 7년 생활 중 4년간은 허드렛일만 죽도록 했다. 청소하고, 사용하고 난 붓을 깨끗이 빨고, 석고 틀에 달라붙은 주형 찌꺼기를 말끔히 털어내고, 무른 석고 뭉치와 안료 덩어리를 보관하는 일 등을 배웠다. 그나마 도제 가운데 제법 솜씨가 있어서 연금을 받으며 생활했고, 1414년에 화가들의 공동체인 루카스 조합에 가입했다. 그리고 3년을 더 기다렸다가 공방에서 독립했다.

이때 화가들의 그림은 산도, 나무도 하나같이 똑같았다. 미술 교본을 보고 따라 그렸기 때문이다. 꽃은 한 송이씩 그렸고, 의미에 따라 사람들의 손짓이나 표정이 달라야 하는데 동일했다. 마사초가 원근법을 적용하고 있었으나 어떻게 그리는지 다른 이들은 배우질 못했다. 어렵기도 했고, 배경 풍경을 중요하게 생각하지 않은 후진들이 바로 받아들이지 않은 결과였다. 하지만 우첼로는 여러 실험을 거듭했다.

그의 유작 〈숲속의 사냥〉이다. 작품은 열다섯 명이 넘는 귀족들이 몰이꾼과 사냥개를 동반하여 사슴을 사냥하는 모습이다. 모두 이리 뛰고 저리 뛰는 매우 어지러운 광경을 연출한다. 하지만 전체적으로 어두운 숲속으로 빨려 들어가는 단순한 구성이다. 우첼로는 주제와 내용은 물론이고, 사실적인 표현도 그다지 중요하게 생각하지 않은 듯하다. 교본처럼 꽃들의 형태 하나하나가 명확하거나 나무, 의상 그리고 말의 색깔이 사실적이지 않았다. 그는 원근법을 사용하여 투시와 착시 효과를 불러일으키는 데 더 집중했다. 소실점은 하나가 아니라 전경 네 그루의 나무 사이로 세 개를 만들었다. 다음으로는 쓰러진 나무를 소실점을 향해 눕혔다. 그런 후 숲의 초목과 동물에 입체감을 불어넣었다. 미술사가 바사리가 "지나치게 원근법에 함몰되어 그림의 주제를 놓쳤다"고 비판한 부분이기도 했다. 하지만 열악한 당시 환경을 생각한다면, 외골수인 그가 주변을 의식하지 않고 자기 세계를 표현했다는 데 점수를 더 주어야 한다. 한 세대 후배인 다빈치가 그의 작품을 보고 경탄했다. 그리고 먼 훗날 조르조 데 키리코(Giorgio De Chirico, 1888~1978) 등 형이상학파에 이르러 그의 몽환적인 작품은 현대성을 인정받았다.

초기 과학자의 도제 생활은 어땠을까? 가난한 대장장이 아들이었던 마이클 패러데이(Michael Faraday, 1791~1867)는 대다수 아이처럼 일찌감치 직업 전선에 뛰어들었다. 열세 살에 조지 리보의 서점 심부름꾼에서 출발하여 제본공으로 일했다. 독서로 지적 호기심을 채워가던 그는 제인 마셋의 《화학에 관한 대화》를 접했다. 그리고 운명처럼 이 책에서 언급한 왕립연구소 최고의 유명 강사 험프리 데이비(Humphrey Davy, 1778~1829)의 제자가 되었다. 데이비 역시 학교 교육을 거의 받지 못한 채 고향 콘월에서 약제사의 도제로 들어갔다. 그는 그곳에서 제임스 와트와 인연이 닿아 클리프턴에 있는 병원의 화학 조수가 되었다. 이후 스물두 살이 되던 1801년에 왕립과학연구원의 화학과 강사로 초빙되었다. 데이비는 2,000개로 구성한 강력한 전지를 만들었으며, 전기 분해 방법을 개발하여 당시 원소의 20퍼센트에 해당하는 열두 개를 발견했다. 훌륭한 기구를 갖추고 있었는데도 단 하나의 원소조차 발견하지 못한 라부아지에와는 대조적이었다. 또한 라부아지에의 이론과는 달리 염소가 산소를 포함하지 않은 독립적인 원소라는 사실을 밝혀냈다. 데이비는 1820년에 왕립학회 회장으로 선출되었다.

이즈음 자연철학은 대중 강연으로 전파되었다. 계몽주의의 영향으로 과학의 진보에 대한 믿음이 싹텄고 과학과 대중 사이의 간극이 좁혀졌다. 주제는 주로 의학과 화학이었는데, 특히 화학은 실험 위주였기에 수학을 배우지 못한 패러데이에게 적합한 분야였다. 그는 성실성과 관찰력으로 모든 난관을 극복했다. 1820년대 들어 독립적인 화학자로 성장한 그는 기체의 염소가 압력에 의해 액체로 변하는 현상을 밝혀냈고, 벤젠을 발견했다. 당시 영국 학계에서는 학벌과 관계없이 새로운 이론을 검증받을 수 있었음을 웅변한다. 그러던 중 1829년 자신의 천재성을 시기하던 스승 데이비가 죽었다. 패러데이는 그제야 비로소 '전기에 관한 실험적 연구들'이라고 부르는 일련의 작업을 시작할 수 있었다. 마흔아홉 살부터는 기억 상실과 우울증에 시달리면서도 전자기 연구에 몰입했다.

1799년 이탈리아의 볼타(Alessandro Volta, 1745~1827)가 새로운 발명품인 전지를 만들었다. 하지만 학계에서는 여전히 번개와 자석, 즉 전기와 자기는 별개의 현상이라고 인식했다. 1820년 한스 크리스티안 외르스테드(Hans Christian Øersted, 1777~1851)에 이르러 전류가 자기장을 발생하는 현상을 발견했다. 전기가 흐르면서 공간이 분리된 나침반에 영향을 미친 것이다. 패러데이는 역으로 자기 작용이 전류를 만들어낼 수 있으리라 추론했다. 그리고 10여 년간 무수한 실험 끝에 그 현상을 증명하는 전자기 회전 장치를 기어코 만들어냈다. 이로써 전자기력의 실체와 함께 공간에 힘의 선(역선)이 존재한다는 사실을 밝혀냈다. 전자기 유도현상은 발전기와 전동기(모터)를 탄생시키면서 19세기 산업의 면모를 바꾸어놓았다. 이즈음 케임브리지의 수학자이자 철학자 윌리엄 휴얼(William Whewell, 1794~1866)이 새로운 개념의 과학 언어를 탄생시키면서 과학자라는 용어를 최초로 사용했다. 자연철학자들이 별도의 전문 집단으로 거듭난 것이다.

1844년 패러데이는 건강으로 인해 모든 활동을 중단한 채 스위스에서 휴양하며 매일 64.4킬로미터를 걸었다. 그러나 이내 연구를 다시 시작했고, '모든 물질은 자성과 반자성을 가진다'는 사실을 밝혔다. 1840년대 후반부터는 강사 활동에 집중했다. 유명한 '양초의 화학적 역사'로 청중을 사로잡았다. 크리스마스 때면 가난한 어린이들을 초대하여 무료로 과학 강연을 열었다. 그리고 1856년 1월, 예순여섯 백발의 패러데이 강연은 최고급 문화적 향유물로 대접받았다. '일반 금속의 성질'을 주제로 열린 강연에는 최고의 지질학자 찰스 라이엘, 물리학자 존 틴들이 청중으로 앉았다. 귀빈석에는 빅토리아 여왕의 남편 앨버트 공과 훗날 에드워드 7세가 되는 왕세자가 보였다. 패러데이는 생전에 정당한 평가를 받았고, 1867년 많은 사람의 애도 속에서 사망했다. 왕립연구소는 그의 정신을 이어받아 현재까지 크리스마스 대중 강연을 계속 진행한다. 그리고 그의 연구는 1897년 윌리엄 크룩스(William Crookes, 1832~1919)와 조지프 존 톰슨(Joseph John Thomson, 1856~1940)이 전자의 발견으로 이어갔다.

보이지 않는 세계에 관한 서술

24
보이지 않는 아름다움,
맥스웰 방정식

앤드루 와이어스, 〈결혼〉(1993)

회화에서 눈으로 직접 확인할 수 없는 개념, 예를 들어 행복,
기쁨, 죽음, 슬픔 등을 담으려면 추상화로 표현하는 것이 무난
할지도 모른다. 하지만 구상화로도 훌륭하게 감동을 전달할

수 있다. 내겐 앤드루 와이어스(Andrew Wyeth, 1917~2009)의 〈결혼〉이 그런 작품이다. 그는 팝아트가 유행하던 당시에 인물화와 풍경화를 정확하게 묘사하는 사실주의를 고집했다. 하지만 사진과 같은 자연주의를 극복하고 비현실적이고 환상적인 느낌을 자아냈다. 일흔여섯 살에 그린 이 작품도 같은 맥락에서 잔잔한 울림을 준다.

창밖은 어느덧 환한데 노부부가 아직도 한 이불에서 잠들어 있다. 이것이 전부다. 그런데 작가는 제목을 결혼이라고 이름 지었다. 젊은 부부에겐 이해가 어려울 수 있겠다. 가만히 노부부의 얼굴을 들여다보라. 낯빛이 창백하다. 나이가 들면 깊이 잠든 배우자에게서 흔히 발견되는 모습이다. 실제 자다가 아내의 숨소리가 들리지 않으면, 혹시 죽었나 해서 깜짝 놀라곤 한다. 이내 아내의 코밑에 손을 대보고 나서야 안도의 숨을 쉰다. 노부부에겐 헤어질 날이 얼마 남지 않았다. 이따금씩 소홀했던 순간이 죄책감처럼 밀려온다. 그러나 후회도 잠시, 언제 그랬냐는 듯 일상으로 돌아가 여전히 사소한 문제로 티격태격 다툰다. 이런 걸 보면, 부부가 늙어서도 함께 한 이불을 뒤집어쓰고 잔다는 사실 그 자체가 결혼 생활의 기적을 말해 준다.

고대 그리스의 철학자 데모크리토스(Democritos, B.C. 460?~B.C. 370?)의 직관이 대단하다. 그는 만물의 근원으로 원

보이지 않는 세계에 관한 서술

자를 거론했다. 눈으로 안 보고도 갓 구워낸 빵의 실체를 알 수 있었는데, 그 까닭은 냄새 때문이었다. 이 발견에 착안하여 그는 더 이상 쪼개지지 않으며 사물의 본성을 갖춘 원자의 존재를 주장했다. 원자론은 당시 비주류였던 에피쿠로스(Epikouros, B.C. 341?~B.C. 271?)에 의해 쾌락주의로 발전했다. 쾌락주의는 지상의 즐거움도 모르면서 어떻게 천국을 상상할 수 있겠느냐는 근본적인 물음이다. 오해가 있을까 봐 덧붙이자면, 여기서 말하는 쾌락이란 육체적인 것만을 의미하지 않는다. 자연의 기본적인 구성요소와 보편적인 법칙을 이해하는 것이야말로, 인간의 삶에서 추구할 수 있는 가장 깊은 쾌락이라고 했다. 그러나 기독교 사회에서는 쾌락주의를 영혼의 존재를 부정하는 급진적인 사상이라 여겨 철저히 왜곡, 배제했다. 이후 15세기 루크레티우스의 《사물의 본성에 관하여》의 필사본을 통해 다시 소개되면서 보티첼리, 다빈치, 마키아벨리, 몽테뉴 등이 읽었다.

이후 원자론은 색맹이자 초등학교밖에 나오지 못한 존 돌턴에 의해 재탄생했다. 원자들의 상대적인 크기와 특성과 함께 그것들이 서로 어떻게 결합하는지를 밝힌 현대 이론이었다. 그리고 어느 날, 현대 물리학계의 대가 리처드 파인만이 이런 질문을 받았다. "대재앙이 닥쳐 인간의 과학적 지식을 모두 잃어버리는 상황이 되었을 때 단 한 가지 지식만 지킬 수 있다면, 그것은 무엇입니까?" 파인만은 이렇게 대답했다.

"내가 지키고 싶은 것은 원자입니다. 원자를 알면 분자를, 세포를, 생명체를 하나하나 풀어갈 수 있으니까요."

돌턴과 패러데이 이후 물리학계에서는 보이지 않는 세계에 대한 관심이 깊어졌다. 뉴턴 때만 해도 공간은 텅 빈 채 아무것도 작용하지 않는 무의 상태였다. 따라서 중력도 직선이며, 즉각적으로 작용한다고 믿었다. 1864년 제임스 클러크 맥스웰(James Clerk Maxwell, 1831~1879)은 전기와 자기 사이의 연관성을 수학적으로 풀어냈다. 그는 위대한 과학자 100인 중 아인슈타인, 뉴턴에 이은 3대 거성이다. 맥스웰은 패러데이의 '힘의 선'이라는 모호한 개념을 장으로 발전시켰다. 대표적인 것이 전기장과 자기장을 합친 전자기장이다. 이는 공간이 전자기적 유동체로 가득 차 있으며, 그 밀도를 이용해 셀 수 있는 정량적 대상이 되었음을 선언한다.

미적분 방정식을 적용한 그의 파동 방정식은 전자기파의 속력을 계산할 수 있었다. 그런데 이 속력은 진동수와 관계없이 초속 30만 킬로미터로, 빛의 속도와 같았다. 이 사실이 매우 중요하다. 전자기적 교란은 곧 빛이며, 빛은 전자기파라는 결론이었다. 전자기학과 광학의 통합이며, 패러데이의 꿈인 전기와 자기 그리고 빛의 통합이 이루어진 것이다. 20년 후 하인리히 헤르츠(Heinrich Hertz, 1857~1894)가 전파를 발견하면서, 빛이 전자기파임을 재확인했다. 그러나 당시 헤르츠는 전자기파의 실용적 쓰임새를 전혀 몰랐기에 "그것은 아무런 쓸모도 없습니다. (…) 그저 위대한 맥스웰이 옳았음을 입증하는 실험일 뿐이지요"라고 말했다. 서른여섯 살, 요절하기 전 그는 맥스웰의 '역사상 가장 아름다운' 네 개의 방정식에 관하여 멋진 글을 남겼다.

> "맥스웰이 구축한 전자기학의 수학 체계를 바라보고 있노라면, 그들(수학)이 어떤 지성을 간직한 채 독자적으로 존재한다는 생각을 떨치기 어렵다. 이 방정식들은 우리보다 현명하고 발견자보다 현명하여 입력보다 많은 출력을 얻을 수 있게 해준다."[*]

곧이어 라디오가 나오고 텔레비전, 레이더, 엑스선이 등장했다. 이 모든 것은 전기와 자기가 힘을 합쳐 파동을 이룰 수 있다는 사실을 깨닫기 전에는 존재하지 않았던 것들이다. 뉴턴의 역학만큼 의미 있는 결과다. 아니, 인류의 현실적인 삶과 관련해서는 더 큰 영향을 미쳤다고 볼 수 있다.

갈릴레이가 사망한 해에 뉴턴이 태어났다. 그리고 마흔여덟 살 맥스웰이 위암으로 죽은 해에 위대한 과학자가 태어났

---

[*] 프랭크 윌첵의 《뷰티풀 퀘스천》 참조

다. 바로 아인슈타인이다. 그는 맥스웰 탄생 100주년을 맞아 이렇게 말했다.

"그는 뉴턴 시대 이후 물리학이 경험한 것 가운데 가장 심오하고 알찬 업적을 남겼다."

흥미로운 사실은 이렇게 말한 아인슈타인이 훗날 맥스웰 이론에서 매질 에테르의 존재를 제거해 버림으로써 특수상대성이론을 정립했다. 모든 진보는 이와 같다. 따라서 자신의 한계를 뛰어넘는 후진이 등장할 경우, 선진은 기쁘게 손뼉을 쳐주며 앉았던 의자를 양보해야 한다.

　　　　　　　보이지 않는 세계에 관한 서술

25
색채에 대한 회의,
괴테와 터너

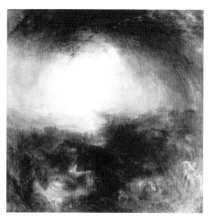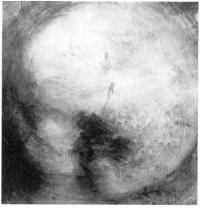

윌리엄 터너, 〈그림자와 어둠: 대홍수의 저녁〉(1843) (왼쪽)
윌리엄 터너, 〈빛과 색채: 대홍수 이후의 아침, 창세기를 쓰는 모세〉(1843)
(오른쪽)

독일의 대문호 요한 볼프강 폰 괴테(Johann Wolfgang von Goethe,
1749~1832). 과학자이기도 한 그는 1800년 전후로 20년간 색채
를 연구했다. 저서《색의 이론》을 통해 그는 "색상은 단순히 빛

의 물리적 특성으로부터 유추할 문제가 아니라 감각이며 이 감각은 보는 주체와 환경에 따라 달라진다"는 점을 강조했다. 색채가 불러일으키는 효과, 즉 눈의 차원을 벗어나 뇌에서 어떻게 시각 정보를 인지하여 이미지를 형성하는지를 밝히려는 노력이었다.

괴테의 이론을 수용한 인물이 영국의 낭만주의 화가 윌리엄 터너(Joseph Mallord William Turner, 1775~1851)다. 인상주의에 결정적인 영향을 미친 그는 '노란색에 미친 사람'이라는 악평을 들었다. 괴테가 빛의 최초 색이라고 설명한 바로 그 노란색이었다. 1843년, 터너는 괴테의 색채론을 실험한 정사각형 형태의 두 작품을 완성했다.

〈그림자와 어둠: 대홍수의 저녁〉은 성서의 대홍수에 나오는 어두운 하늘과 소용돌이치는 물결을 담았다. 검은색과 짙은 청색의 덩어리가 빙빙 도는 가운데 그 안으로 보색 관계에 있는 노란빛이 스며들어 세상을 가득 에워쌌다. 이는 인류가 통제할 수 없는 자연의 힘을 상징한다. 보색 관계? 어려운 말이다. 절대적인 색은 없고, 옆에 놓인 색과 서로 영향을 주고받는다는 생각이 근저를 이룬다. 〈빛과 색채: 대홍수 이후의 아침, 창세기를 쓰는 모세〉는 괴테가 '양성(陽性)의 색'이라 했던 황색, 적황색, 황적색이 지배적이다. 영국의 유명한 미술 평론가 존 러스킨(John Ruskin, 1819~1900)이 작품의 의미를 묻자, 터너는 수수께끼 같은 대답을 했다.

보이지 않는 세계에 관한 서술

"빨간색, 파란색, 노란색."

그냥 한 대답이 아니다. 기본색을 말하며, 괴테를 비롯한 여러 사람의 색 분석에 대한 주의 깊은 연구에서 나온 답이었다.

"인간은 세상을 제대로 바라보고 있는가?"라는 질문은 철학에서 먼저 제기되었다. 플라톤이 그 장본인이다. 그는《국가론》에서 사람들이 입구를 등진 채 지하 동굴의 벽에 비친 그림자를 보며 산다고 비유했다. 이들은 어릴 때부터 사슬에 감긴 채 살아왔기에 몸을 움직일 수 없고, 고개를 돌려 다른 곳을 바라볼 수도 없다. 그리고 등 뒤쪽에서는 먼 거리를 두고 불이 타오르고 있기에 마치 인형극 무대의 스크린을 볼 수밖에 없는 처지라고 말했다.

과학적인 측면에서도 같은 질문이 가능하다. 생명체에게 눈이 생긴 지는 얼마 안 되었다. 5억 4000만 년 전 폭발적 진화가 일어난 캄브리아기 때였다. 잘 발달한 눈은 400만 년 전에야 나타났는데, 지구 생명체 35억 년의 역사를 고려한다면 이 정도는 최근의 일이라 할 수 있다. 이전에는 빛 때문이 아니라, 눈이 없어서 암흑 천지였다. 그때의 생명체는 피부나 냄새로 세상을 인식했다. 전체 동물 종의 95퍼센트가 눈을 갖고 있는 지금도 식물과 균류, 조류(藻類), 세균에는 눈이 없다. 그리

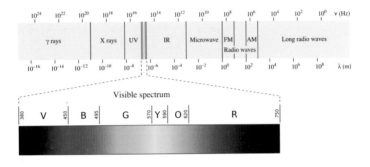

전자기 스펙트럼과 가시광선

고 각각의 생명체 간 인지하는 색은 스펙트럼에서 차이를 보인다. 동물 중에 곤충과 새는 인간에 비해 더 많은 색을, 포유동물은 상대적으로 더 적은 색을 본다.

　인간의 눈으로 볼 수 있는 빛을 가시광선이라고 한다. 약 400 ~ 700나노미터 사이의 파장을 가진 전자기파가 이에 해당한다. 전자기파 전체의 스펙트럼은 가시광선보다 무려 약 10조 배 더 넓다.* 크게 진동수로 분류하는데, 낮은 진동수를 가진 것이 전파다. 라디오파, 텔레비전파, 레이다 그리고 전자레인지에 이용되는 마이크로파 등이다. 진동수가 높은 전자기파로는 엑스선과 감마선이 있다. 그 중간에 위치한 것이 열복

---

*　유발 하라리의《호모데우스》참조

보이지 않는 세계에 관한 서술

사선이다. 보통 빛이라고 하면 적외선, 자외선, 가시광선을 말한다. 인간이 볼 수 있는 범위가 극히 제한적이라는 사실을 적시한다.

또한 눈은 빛이 전하는 사물 전부를 기계적으로 뇌에 전달하지 않는다. 시신경은 눈에 맺힌 이미지를 10분의 1로 압축하여 선조체로 전달하며, 다시 그 정보의 300분의 1만이 뇌의 다음 정거장 기저핵에 다다른다.[**] 그리고 망막에서는 일차적으로 정보를 조합, 분석하여 25분의 1초마다 한 장씩 스냅숏처럼 두뇌로 전송한다. 그런데 뇌는 25분의 1초 사이에 도달하는 빛 중 무엇이 먼저 도달했는지 알 수 없다. 태아의 뇌가 생성될 때 그중 일부가 기다란 섬유 형태로 자라 생긴 것이 망막이며, 두뇌와 비슷한 구조를 갖췄기 때문이다. 대신 뇌는 스냅숏을 연결하여 매끄럽게 이어지는 동영상을 만들어낸다. 우리가 일상적으로 느끼는 시간의 흐름이 바로 이런 과정을 통해 생성된다.[***]

아는 사람과 우연히 마주쳤을 때, 단순히 색과 형태의 차원을 넘어 그가 누구인지를 알아볼 수 있는 것도 뇌의 작용이다. 따라서 뇌에 손상이 오면 시야가 좁아지거나, 인식에 장애가 생기는 역현상을 초래한다. 망막에 상이 맺히지만, 뇌가 의

[**] 케빈 에슈턴의 《창조의 탄생》 참조
[***] 프랭크 윌책의 《뷰티풀 퀘스천》 참조

식하지 못할 경우 안 보이기까지 한다. 그리고 인간 각자가 파장에 따라 나타나는 색을 구별하는 데 차이를 보인다. 하얀색을 붉은색이나 초록색, 또는 푸른색으로 인식하기도 한다. 일종의 심리적인 현상이다. 이러한 점이 괴테가 색과 관련한 광학 이론을 넘어 색채가 불러일으키는 효과까지 고려해야 한다고 주장한 이유다.

그의 이론은 19세기 말 형태 심리학과 연결된다. 형태 심리학은 눈의 차원을 벗어나 뇌에서 어떻게 시각 정보를 인지하여 이미지를 형성하는지를 밝히려는 학문이다. 결국, 인간의 뇌는 보고 싶은 것만 본다. 플라톤이 말한 것처럼 벽에 비친 그림자를 보고 현실로 인식하는 동굴 속 그들과 크게 다르지 않다. 그러니 눈을 너무 신뢰하여 안 보였다고 없는 것으로 단정해 버리면 위험하다. 결과적으로 '본다는 것이 무엇이냐?'라는 질문은 물리적이기도 하지만, 철학 혹은 심리적이기도 하다.

보이지 않는 세계에 관한 서술

26
에곤 실레와
제멜바이스의 불행

에곤 실레, 〈가족〉(1918)

에곤 실레(Egon Schiele, 1890~1918)는 성도착적인 누드화로 유명하다. 하지만 그림에서 은밀한 부분을 노출했음에도 딱딱한 선과 제한된 색으로 메마르게 표현함으로써 관능적인 역겨움을 상쇄시켰다. 왼쪽 작품 〈가족〉은 의외로 온건하다. 이제 곧 태어날 아기를 기다리며 그렸기에 선이 부드럽고, 표정엔 행복감이 충만하다. 이즈음 실레는 1918년 클림트가 세상을 떠난 이후 그의 후계자로 자리매김했다. 명실공히 오스트리아를 이끄는 예술가로 우뚝 선 것이다.

하지만 행복은 잠깐이었다. 그해 10월, 버팀목이었던 아내 에디트 하름스가 클림트를 죽음으로 몰아넣은 스페인 독감으로 사망했다. 배 속의 6개월 된 아기도 함께 잃었다. 작품 속 맑고 천진난만한 아이의 얼굴은 작가가 상상한 모습이다. 그리고 불행은 묘하게 겹쳐 일어나는 경향이 있다. 실레 역시 독감에 걸려 사흘 후 아내의 뒤를 따랐다. 그의 나이 스물여덟 살 때 벌어진 불행이었다. 스페인 독감은 제1차 세계대전 중 전선에서 창궐했다. 그러나 참전국들이 사실을 숨겼고, 중립국이었던 스페인에서만 감염 상황을 보도했기에 이름이 이처럼 붙여졌다. 스페인 독감은 전 세계적으로 무려 5000만 명의 목숨을 앗아갔다.* 4년간 벌어진 전쟁 희생자보다 많은 숫자로, 수많은 가족이 해체되었다. 이후 세계 기대수명은 33세에서 23세로 줄어들었다고 한다.

---

* 　파리 파스퇴르 연구소는 적어도 2100만 명 정도 사망했다고 집계함

태국 왕의 총애를 받던 네덜란드 탐험가가 있었다. 그는 왕에게 유럽의 풍물과 자연에 대한 이야기를 재미있게 전해주었다. 하루는 "네덜란드에서 겨울이 되면, 물이 딱딱해져 그 위를 걸어 다니고, 스케이트를 타며, 심지어 마차를 탄다"고 말했다. 물의 상 변화에 관한 설명이었다. 그러나 왕은 해도 너무 한다는 듯 그를 "사기꾼 같은 놈"이라며 노발대발했다고 한다. 오스트리아 빈 종합병원에서 산부인과 의사로 일하던 헝가리 출신 이그나츠 제멜바이스(Ignaz Semmelweis, 1818~1865)의 경우가 이런 사례에 해당한다.

당시 그는 병원에서 벌어지고 있는 산욕열과 관련된 문제로 고심했다. 산욕열은 산후 10일 이내에 38도 이상 고열을 동반하는 병이다. 지금은 발견하기 어려운 감염병이나, 19세기 초 유럽에서는 병원에서 출산한 산모 중 25~30퍼센트가 이 병으로 목숨을 잃었다. 빈 종합병원에는 산부인과 병동이 두 개 있었다. 의사와 의대생이 아기를 받는 제1분만 병동에서는 산욕열로 인해 평균 10퍼센트대의 높은 사망률이 나타났다. 그러나 산파들이 아기를 받는 제2분만 병동에서는 사망률이 4퍼센트 미만으로, 병동 간 큰 격차를 보였다. 이 사실은 대외적으로도 알려져, 산모들은 제2 병동으로 가기를 간청했다.

1847년, 제멜바이스가 단서 하나를 더 발견했다. 절친한 동료 의사 야코프 콜레츠카가 검시하다가 실수로 인해 메스에 손가락이 찔렸는데, 그는 산모와 똑같은 산욕열로 사망한 것이었다. 제멜바이스는 생각했다. "산파는 시체를 만지지 않지만, 의사는 만진다. 그럼, 시체에 포함된 어떤 물질이 원인일 수 있다. 그것이 산모의 체내에 들어가자, 산욕열을 일으켰다." 세균을 직접 눈으로 보고 확인할 수 없었던 시대에 매우 합리적인 추론이었다. 그는 자신의 가설을 확인하고자, 제1분만 병동 의사들에게 아이를 받을 때 염화칼슘액으로 손을 씻도록 지시했다. 결과는 놀라웠다. 1847년 4월 18.3퍼센트에 달했던 사망률은 4개월 만에 1.9퍼센트로 떨어졌다.

하지만 이 가설은 의사에게 책임을 묻는 매우 위험한 주장이었다. 제멜바이스는 빈에 있는 주류의 다른 의사들로부터 심한 조롱과 저항을 받았고, 결국 해고되었다. 고향 헝가리 부다페스트로 이주해야 했던 그는 분노 속에서 자신을 내친 그들을 향해 무책임한 살인자라고 비난했다. 자기 아내에게조차 미친 사람 취급을 받던 그는 1865년 정신병원으로 보내져 수용된 지 14일 만에 구타로 숨졌다. 그의 나이 마흔일곱 살 때 맞은 죽음이었다. 당시에는 우유나 고기가 상하는 현상이나 발효를 미생물과 연관 짓지 못했다. 전염병의 원인도 마찬가지였다. 말라리아는 늪지대에서 방출되는 어떤 독기에 의해 감염된다고 믿었다. 또한 흑사병은 불길한 별자리, 혜성, 신의 분노 혹은 유대인이 우물에 독약을 풀어서 발생한 것이라고 여겼다.

그 후 현미경이 등장했다. 사물을 확대한다는 점에서 현미경의 기능은 망원경과 동일하다. 다만 먼 곳을 향하는 망원경과 달리 아주 가까이 있는 작은 물체가 크게 보이도록 렌즈를 배열한다는 점이 특징이다. 일안(single-lens) 확대경은 진작부터 존재했다. 그러다가 1590년에 암스테르담의 렌즈 연마공 자카리아스 얀선(Zacharias Janssen)이 복합 현미경을 개발했다. 17세기에 접어들자, 네덜란드 아마추어 과학자 안톤 판 레이우엔훅(Anton van Leeuwenhoek, 1632~1723)이 배율 높은 렌즈를 개발해 고여 있는 물에서 원생동물을 최초로 발견했다. 아메바, 짚신벌레, 유글레나 등 원생동물은 원시적인 동물이라는 뜻이다. 단세포로 구성되어 있지만, 갖출 것은 다 갖추었다. 영양 방식이 다양하며 심지어 유글레나는 식물처럼 광합성을 한다. 그러나 레이우엔훅은 이 극미 동물과 말라리아와의 연관 관계를 몰랐으며, 부패한 고기나 야채에서 저절로 생긴다고 생각했다.

이런 점을 감안하더라도 제멜바이스의 경우는 50년 전 영국의 에드워드 제너(Edward Jenner, 1749~1823)의 상황과 비교할 때 지나치게 불운했다. 1796년 제너는 감염된 소의 고름을 이용해 천연두 백신을 개발했지만, 질병을 일으키는 물질이 무엇인지 모르는 것은 그도 매한가지였다. 당시에도 찬반 논란이 심했다. 하지만 영국에서는 우두 접종이 이루어졌고, 제너는 그 공로를 인정받아 의회에서 상금 3만 파운드를 받았다. 한편 제멜바이스가 죽은 지 1년 후가 되어서야 파스퇴르가 세균의 존재를 증명했다. 그리고 '세균학의 아버지' 로베르트 코흐(Robert Koch, 1843~1910)가 1882년 결핵균을 발견하게 되면서 비로소 제멜바이스의 가설이 인정받았다. 그러나 비참하게 무너진 그의 삶을 다시 일으켜 세울 수는 없는 노릇이었다. 다행히 오늘날에 와서야 제멜바이스는 현대 소독법의 선구자로 인정받게 되었는데, 얼마나 그의 영혼에 위로가 되었을지는 의문이다.

　　　　　　　　　　　　　보이지 않는 세계에 관한 서술

27
〈가죽을 벗긴 소〉와
파스퇴르

생 수틴, 〈가죽을 벗긴 소〉(1925)

리투아니아 출신 표현주의 화가 생 수틴(Chaïm Soutine, 1893~
1943)의 〈가죽을 벗긴 소〉다. 〈도살된 소〉를 그린 네덜란드
황금시대의 화가 렘브란트 판 레인에게 헌정하는 그림이다.

17세기 네덜란드에서 정물은 상징성을 내포했다. 그중 동물의 사체는 우리의 주검을 연상케 한다. 소의 고깃덩어리가 주는 느낌이 인간의 것과 다름이 없기 때문이다. 렘브란트는 해체된 소를 통해 '메멘토 모리', 즉 인간의 죽음과 삶의 덧없음을 암시했다. 섕 수틴은 당시로선 생소한 작가였다. 그런데 이 작품이 2006년 소더비 경매에서 무려 13,773,240달러(한화 150억 원)로 최고 낙찰가를 기록했다.

렘브란트의 말년 작품 〈도살된 소〉는 그의 철학적 자화상이기도 하다. 그는 생전 100여 점에 달하는 자화상을 그렸다. 잘나가던 젊은 시절에도 자기 내면을 끝없이 탐구했다는 방증이다. 이 작품은 표현주의자 섕 수틴에게 강한 영감을 선물했다. 그는 블라맹크의 색채에 심취하면서 선명하고 강렬한 빨강, 초록, 노랑의 원색을 사용했다. 그리고 형태를 심하게 왜곡해 긴장감을 조성했다.

수틴은 가난한 예술가들을 위한 뤼슈(벌집)의 작업실에서 지낼 때 말 도살꾼과 진한 우정을 나눴다. 소의 살덩어리가 주는 색채를 표현하기 위해 무려 붓을 마흔 개나 사용했다. 가져다 놓은 소 옆구리 살에서 악취가 났고, 이웃은 기겁하며 경찰을 불렀다. 수틴은 자신이 '사람들의 정신 건강을 위해 예술을 하는 사람'이라며 오히려 출동한 경찰에게 일장 연설을 했다는 일화도 전해진다. 한마디로 그는 반항적이면서 격렬한 성향의 화가였다.

보이지 않는 세계에 관한 서술

루이 파스퇴르(Louis Pasteur, 1822~1895)는 현대 위생학, 공중보건 그리고 의학의 아버지다. 그는 또한 화학자였다. 1856년 릴의 양조업자들이 자기 포도주가 왜 쉽게 시어지는지 알려달라는 요청을 받고, 주석산 결정체를 연구했다. 10여 년간 연구에 몰두한 끝에 주석산이 입체적인 비대칭 구조를 가진 두 가지 형태로 존재한다는 사실을 밝혀냈다. 이것이 시사하는 바는 주석산이 화합물이 아니라 생명체, 즉 눈에 보이지 않는 미생물의 고유한 성질이라는 점이었다. 따라서 발효와 부패는 화학 과정이 아니라, 미생물의 성장과 연관된 유기반응이라는 결론이 도출됐다. 1857년 〈젖산 발효에 관한 보고〉라는 논문으로 정리했고, 이 논문은 미생물학을 탄생시키는 계기를 마련했다.

제멜바이스가 죽은 해인 1865년에 딸이 장티푸스로 죽고 파스퇴르 자신도 건강이 나빠지자, 그는 감염병을 일으키는 극미 생물에 본격적으로 관심을 돌렸다. 당시 많은 과학자가 미생물은 물질이 부패하면 생긴다고 인식하고 있었다. 자연발생설이다. 하지만 실상은 거꾸로 미생물이 부패를 가져오는 것이었다. 파스퇴르는 저온 살균 실험을 했다. 여기서 저온은 100도보다 낮은 온도를 말한다. 포도주를 50~60도로 가열하여 20~45도에서 번식하는 효모를 비롯한 모든 세균을 없앴다. 따라서 이후 발생하는 부패는 외부 미생물에 의해 이루어진다는 사실을 입증할 수 있었다. 생명은 오직 생명에 의해서만 탄생한다는 질병의 세균 이론을 뒷받침했다.

1878년, 파스퇴르는 질병의 세균설이라 할 수 있는 〈미생물설과 그 의학 및 외과학에서의 응용〉을 발표했다. 1880년에는 에밀 루(Émile Roux, 1853~1933)와 함께 가금류에 질병을 일으키는 콜레라 백신을 실용화했다. 당시 '닭 콜레라'에 걸린 닭의 생존율은 10퍼센트 이하였다. 파스퇴르는 약한 콜레라균을 닭에게 주사했고 그 닭은 콜레라에 걸리지 않았을 뿐 아니라 면역이 생겼다. 자신을 얻은 파스퇴르는 같은 방법으로 가축에게 치명적인 질환인 탄저병의 백신을 만들었다. 면역요법의 출발점이었다. 하지만 자기들의 영역을 침범했다고 여긴 수의학자들의 도전을 받아야 했다. 의사 면허증이 없던 그는 광견병에 걸린 아홉 살 조제프와 양치기 소년 쥐피레를 살리기 위해 다른 사람으로 하여금 자신의 백신 주사를 놓게 했다. 조제프는 훗날 파스퇴르 연구소의 수위가 되었고, 자랑스럽게 맡은 바 직무에 충실했다고 한다.

파스퇴르가 죽기 직전, 그의 제자 두 명이 림프샘 흑사병은 벼룩이 죽은 쥐에게 있던 박테리아(세균)를 사람에게 옮겨서 일어난다는 사실을 밝혀냈다. 이 발견은 지구상에서 흑사병을 퇴치할 수 있는 기반을 조성했다. 흑사병은 1346년부터 1352년간 유럽 인구의 3분의 1을 사망케 한 질병이다. 이후 과학자들의 지속적인 노력으로 세균에 의한 전염병이 차례로 해결되어 갔다. 그중 오스트레일리아 내과학 전문가 배리 마셜

(Barry J. Marshall, 1951~)의 헌신이 존경받을 만하다.

1980년대 마셜은 위궤양과 위염이 박테리아로 인해 발병한다고 확신했다. 그러나 당시에는 위에 강산성을 띠는 위액이 있기에 세균이 살 수 없다고 예단했다. 따라서 스트레스와 과도한 음주 또는 매운 음식이 원인이라고 곡해했다. 자기 이론을 건강한 환자들에게 테스트할 수 없었던 그는 스스로 실험 대상이 되기로 작심했다. 궤양 환자의 위에서 채취, 배양한 후 헬리코박터 파일로리라고 명명한 세균을 삼켰다. 닷새가 지나자 구토와 탈진 증상이 있었고 식욕이 떨어졌다. 그로부터 다시 닷새 뒤 위 생체 검사를 하자 세균으로 보이는 것이 온통 퍼져 있었다. 심각한 염증이었고, 세균은 위염과 위암의 근본 원인이었다. 아내는 화를 냈지만, 마셜은 항생제를 투입하지 않고 이틀 더 지냈다. 이후 약을 먹자 회복되기 시작했다. 그러자 그의 이론이 널리 받아들여졌고, 2005년 존 로빈 워런과 같이 노벨 생리·의학상을 받았다.

그러나 세균과의 전쟁은 아직 끝나지 않았다. 1만 년 전 인류는 모여 살면서 농경을 시작했고, 가축을 키웠다. 터키 동남쪽에서 길든 소는 지금 지구에 13억 마리가 살고 있다. 티라노사우루스의 단백질 구조와 놀랍게도 유사한 닭은 약 200억 마리나 된다. 생존과 번식이라는 진화론적 관점에서 보자면, 가축들은 가장 성공한 종이다. 하지만 이것은 자연이 선택한 게 아니다. 인위 선택이다. 오늘날 병에 걸렸다고 할 때 떠올리는 질병 대부분은 수렵 채집 사회 때는 존재하지 않았다. 농경 생활을 하던 어느 순간부터 병원체들이 종간 전파를 시작했다. 자연은 인간을 달리 대하지 않는다. 인간이 자연을 대했던 방식의 결과로 반응할 뿐이다. 이제 가축 혹은 자연의 역습이 시작되었다. 재러드 다이아몬드도 인류 역사의 동력을 총, 쇠와 함께 균을 그중 하나로 꼽았다. 이런 면에서 제멜바이스와 파스퇴르의 가장 큰 공헌은 인류가 눈에 보이지 않는 생명체를 인식할 수 있도록 도왔다는 점이다.

보이지 않는 세계에 관한 서술

28
흑사병과 세균
그리고 바이러스

안드레아 만테냐, 〈성 세바스티아누스〉(1480) (왼쪽)
아르놀트 뵈클린, 〈흑사병〉(1898) (오른쪽)

페스트와 관련된 두 작품 〈성 세바스티아누스〉와 〈흑사병〉이
다. 르네상스 시대의 화가 안드레아 만테냐(Andrea Mantegna,
1431?~1506)가 그린 〈성 세바스티아누스〉가 흑사병과 관련이

있다는 사실이 낯설다. 세바스티아누스는 3세기 로마의 군인으로, 디오클레티아누스 황제의 경호원이었다. 그는 신분적 특권을 이용하여 옥에 갇힌 기독교 신자를 보살핀 혐의로 궁살형을 선고받았다. 하지만 아홉 발의 화살이 모두 급소를 빗나가 기적적으로 살아났다. 그러나 황제의 명에 의해 결국 몽둥이에 맞아 숨졌다. 페스트에 걸리면 심한 괴사가 동반되며 발목 부위에 반점이 생긴다. 그런데 그 모양이 화살처럼 생겼다. 이에 사람들 사이에서는 페스트가 신이 분노하여 쏜 화살 때문이라는 믿음이 싹텄고, 자연스럽게 화살로부터 죽음에서 벗어난 성 세바스티아누스가 수호신으로 떠올랐다.

19세기 스위스의 상징주의 화가 아르놀트 뵈클린(Arnold Böcklin, 1827~1901)이 죽기 3년 전에 그린 〈흑사병〉은 그럴듯하다. 피부색까지 검은 악마가 날개 달린 짐승 등을 올라탄 채하늘을 날고 있다. 페스트의 의인화다. 박쥐 날개와 함께 표현된 꼬리가 마치 1차 숙주인 쥐의 것을 닮았다. 아래 흰옷을 입은 신부와 그 위로 쓰러진 붉은색 옷을 입은 여인의 죽음이 강렬한 대비를 이룬다. 놈은 남녀노소 가리지 않고 사납게 낫질을 해댄다. 중세 도시는 잿빛 폐허로 변해 있다. 사람들이 죽어 나뒹굴고, 일부는 영문도 모른 채 혼비백산하여 도망치려 한다. 그러나 그들은 힘에 부쳐 몸을 가누지 못하고 맥없이 쓰러진다. 질병으로 인한 참상을 상징적으로 표현한 작품이다. 뵈클린에게는 모두 열네 명의 자녀가 있었는데, 여덟 명이 어릴

보이지 않는 세계에 관한 서술

때 사망했다. 흑사병, 콜레라, 티푸스 등 전염병으로 인한 불행이었다. 이런 개인사가 그에게 평생 죽음에 천착하도록 한 건지도 모른다.

1346~1350년 페스트 발생 초기, 유럽의 충격은 어마어마했다. 인구의 25퍼센트 이상이 사망했고, 감염자들의 평균 치사율이 60~70퍼센트나 됐다. 정치, 경제적으로도 대변혁을 초래했다. 토마스 아퀴나스 시대의 특징이었던 합리주의적 신학에 대한 믿음이 처참히 무너졌다. 여기엔 일부 종교 지도자의 비겁한 행동도 한몫했으며, 이것은 훗날 루터의 종교 개혁이 성공하는 원인 중 하나로 작동한다. 이런 절망적인 상황에서 개인적인 형태로 신과 교류하려는 신비주의가 유행했다. 채찍질하는 고행파와 함께 성 세바스티아누스가 페스트의 수호성인이 된 것도 이때쯤이었다. 그의 상징물은 부적처럼 판화, 그림, 조각 등으로 빠르게 유포되었다. 흑사병은 쥐에 기생하는 벼룩에 의해 단세포 원생생물인 페스트균이 옮겨져 발생하는 급성 열성 감염병이다. 그러나 당시 인간은 눈에 보이지 않는 것을 믿지 않으려 했고, 그 불신이 상황을 악화시켰다. 이후 광학 기술이 발전하여 현미경을 통해 세균을 보여주자, 비로소 그 실체를 인정했다.

그러나 절대다수의 세균은 인간의 친절한 이웃이며 조력자라는 사실을 잊지 말아야 할 것이다. 1922년 어느 날 영국의 세균학자 알렉산더 플레밍(Alexander Fleming, 1881~1955)은 마이크로코쿠스 리소테익티쿠스라는 세균이 그의 콧물에 의해 분해되는 것을 발견했다. 살균 효과가 있는 효소 리소자임 때문이다. 연구를 계속하던 그는 1928년 여름 실험실 배양 접시에서 맹독성 화농균인 포도상구균이 파괴된 것을 발견했다. 잘 알려진 대로 푸른곰팡이 작용 때문이었다. 곰팡이는 진균을 대표한다. 진균은 세균과 완전히 다른 진짜 핵, 즉 진핵을 가지고 있는 미생물이다. 한때 식물로 분류된 적이 있으나 광합성 능력이 없는 것이 오히려 동물에 가깝다. 하지만 플레밍은 아쉽게도 페니실린을 순수하게 정제하지 못하고 연구를 접었다. 10여 년 후 언스트 체인(Ernst Chain)과 하워드 플로리(Howard Florey)가 임상사용법을 발표함으로써 마침내 곰팡이가 사용하는 무기인 페니실린을 만들 수 있었다. 페니실린은 인간에게 해를 입히지 않고 세균이 세포벽을 만들지 못하게 차단한다. 미생물 세계의 다양성이 만들어낸 기적이었다. 이렇게 병을 약으로 다스리는 화학요법과 백신은 질병 치료에 획기적인 전기를 마련했다.

세균과 성격이 다른 바이러스를 살아 있는 생명체로 볼 것인지에 대한 여부는 모호하다. 세균은 동물 이전의 생물이다. 하지만 바이러스는 생물도, 무생물도 아닌 어떤 것이다. 바이러스는 정확히 언제, 어떻게 존재하게 되었는지 불분명하다. 38억 년 전 지구 위 모든 생명체의 마지막 공통 조상이 살

보이지 않는 세계에 관한 서술

았을 때부터 이미 존재했으리라 추정한다.* 세균은 의식과 지각이 없다. 그러나 유전자를 가진 단세포 미생물로 발전하면서 스스로 발육하고, 성장하고, 번식했다. 반면 바이러스는 세균만 못하다. 아주 작은 단백질 덩어리로 자기 복제 기능을 갖추었지만, 스스로 번식하지 못한다. 그런데도 바이러스는 생존과 번식의 측면에서 볼 때 지구상에서 가장 성공한 존재다. 어떻게 이런 일이 가능했을까?

세균과 바이러스는 둘 다 눈에 보이지 않는다. 그런데 바이러스의 크기는 세균의 100분의 1 내지 1000분의 1 정도의 나노미터(nm. 100만 분의 1밀리미터) 단위다. 세균과 달리 세포 침입이 가능하다. 그것도 매우 영악한 방법을 동원한다. 숙주세포에 거짓 유전자 정보를 제공하면, 숙주세포는 이것이 자기 유전자인 줄 알고 바이러스의 번식을 돕는다. 게다가 대사작용을 하지 않아 노폐물을 통한 화학물질을 배출하지 않기에 우리 몸의 면역계가 감지하기 어렵다. 증식 속도 역시 폭발적이다. 단 한 개의 바이러스가 하루 만에 1만 개가 되기도 한다. 그중 돌연변이의 종류 역시 다양하여 하나의 종이 생존할 확률이 매우 높다. 그래서 세상에는 헤아릴 수 없이 많은 종류의 바이러스가 있다.

* 필리프 데트머의《면역》참조

그중 200여 종의 병원성 바이러스 대다수가 호흡기 점막을 통해 우리 몸으로 출입한다. 재채기할 때마다 수천, 수백만 마리의 바이러스가 세균과 함께 몸 밖으로 튀어나오고, 그중 가벼운 것은 공중을 떠돌아다닌다. 그러다가 우연에 의해 감염시킬 대상을 만난다. 인간의 입장에서 세균은 항생제로 치료가 가능하지만, 바이러스는 백신이 나오기 전까지 약이 없다는 점이 치명적이다. 온전히 자가 면역력으로만 이겨내야 한다. 1977년, 천연두 백신은 마지막 환자를 끝으로 완전한 성공을 거두었다. 하지만 천연두는 백신으로 정복한 유일한 질병일 뿐이다.

다행히 눈에 보이지 않는 존재에 대한 인지가 생겨나자, 속수무책이었던 질병에 대한 대처가 빠르게 발전했다. 청결과 공중위생이 강조되었다. 그러나 유념해야 할 점이 남았다. 아직 작은 존재를 대하는 인간의 태도가 전근대적이라는 점이다. 인간은 생물을 오직 식물과 동물 크게 두 종류로 규정한다. 그러나 역설적이게도 진화에서 진정한 다양성은 오히려 작은 규모에서 존재한다. 병원성 세균이나 바이러스가 어떤 면에서는 지금 오만한 인간에게 겸손을 가르쳐주는지도 모른다. 인간의 장 속에만 3킬로그램 정도의 세균이 돌아다닌다. 뇌의 딱두 배 무게다. 권하건대 외출했다 귀가하면 반드시 손을 씻자. 공공장소에서 재채기나 기침이 나올 때 코와 입을 급히 소매에 갖다 대는 에티켓도 갖추어야겠다.

보이지 않는 세계에 관한 서술

29
실재와 허상:
클림트의 황금비와 볼츠만의 불행

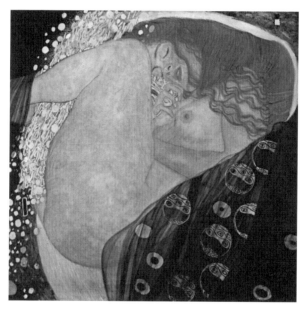

구스타브 클림트, 〈다나에〉(1907~1908)

'실재와 허상'은 철학에서 주로 다루어지는 주제다. 그러나 회화에서도 동일한 문제 의식이 등장한다. 구스타프 클림트 (Gustav Klimt, 1862~1918)의 〈다나에〉를 보자. 바람둥이 제우스 신이 여인과 정을 나누기 위해 그간 소, 백조, 독수리로 변신을 거듭했다. 그런데 청동 탑에 갇힌 다나에에게 접근하려면 동물로는 잠입이 불가능했다. 그래서 제우스는 황금비로 모습을 바꾸었다. 과연 클림트는 황금비와 다나에의 사랑을 어떻게 묘사하여 실재(實在)처럼 여기게 했을까? 먼저 황금비를 작은 금빛 원으로 그려서 그녀의 하반신으로 쏟아져 내리게 했다. 하지만 이 정도로는 불충분했다. 그러니 이제 사랑의 열정 전달은 전적으로 다나에를 어떻게 표현하느냐에 달려 있었다. 이때 클림트의 장기인 관능적인 누드가 빛을 발했다. 다나에의 굵은 허벅지, 표정, 양손의 위치와 모양새를 통해 클림트는 그녀가 지금 절정의 순간에 도달했다는 사실을 훌륭하게 인식시켰다.

초현실주의 화가 르네 마그리트는 여기서 한발 더 나아갔다. 회화에서 실재와 허상의 문제를 직접적이고 본질적으로 접근한 것이다. 그는 〈이미지의 배반〉(1929)을 통해 그림 자체가 허상이라는 점을 폭로했다. 캔버스에 파이프를 그려 넣고 "이것은 파이프가 아니다"라는 글까지 써 넣었다. 파이프의 본질은 담배를 피우는 데 있다. 그러니 이미지로서의 파이프는 실재가 아니다. 허상이다.

인간은 언어로 소통한다. 하지만 의미 전달이 불완전하다. 비트겐슈타인이 철학자들을 향해 "말할 수 없는 것에 대해서는 침묵해야 한다"라고 외친 것이 같은 맥락이다. 시각언어

보이지 않는 세계에 관한 서술

인 미술이 언어의 한계를 보완한다. 그러나 이 역시 달을 가리키는 손가락이긴 마찬가지다. 본질을 완벽하게 설명하지 못하며, 왜곡될 우려가 다분하다. 종교 전쟁 당시 성상 파괴 운동도 교회 내 그림과 조각이 우상 숭배를 조장한다고 생각했기에 저질러졌다.

과학자 중에 실재 문제로 가장 고통받았던 인물이 바로 오스트리아 물리학자 루트비히 볼츠만(Ludwig Eduard Boltzmann, 1844~1906)이다. 열역학은 18세기 산업 혁명 이후 증기기관의 효용성을 설명하기 위해 생겨난 학문이다. 열과 역학적 일의 관계를 에너지 흐름으로 밝혔다. 볼츠만은 온도라는 것이 그저 뜨겁고 찬 것이 아니라, 계(系, system)에 속한 분자들의 운동의 에너지 합으로 나타나는 것이라고 주장했다. 그런데 기체 운동을 설명하려면, 분자를 구성하는 개별적 존재 원자를 실체화해야 했다. 근거가 모호했던 시기에 볼츠만은 원자론을 선구적으로 받아들여 가설을 제기한 것이었다. 가설이란 상상력의 산물이다. 이로써 볼츠만은 과학자들의 상상력을 자극하게 되었고 '가설은 과감하되, 검증은 엄격하라'라는 교훈이 탄생했다. 이 자체만으로도 그는 이미 과학계에 크게 이바지했다.

흑체 공식을 찾아낼 때 볼츠만에게 빚을 졌다고 생각한 막스 플랑크는 두 번이나 그를 노벨상 후보로 추천했다. 그러나 그의 추천은 한발 늦었다. 원자를 둘러싸고 벌어진 논쟁으로 인해 볼츠만은 그만 가위눌리고 말았다. '관측할 수 없는 것은 존재하지 않는다'라는 실증주의 에른스트 마흐와 그의 추종자들의 비판은 모질었다. 볼츠만은 천박한 인신공격을 당한 것은 물론이고, 학술지로부터 논문이 거절당하는 지경에도 이르렀다. 스트레스를 이기지 못한 그는 휴가 중이던 1906년 9월 5일, 이탈리아 트리에스테 근처 두이노에서 아내와 딸들이 수영하는 동안 스스로 목을 맸다. 그의 내성적인 성격과 우울증도 작용했으리라 추정한다. 안타까운 것은 1년 전 아인슈타인도 이미 원자의 존재를 증명하는 논문을 발표했다는 사실이었다.

1827년 영국의 식물학자 로버트 브라운(Robert Brown, 1773~1858)은 현미경으로 꽃가루에서 나온 작은 입자가 수면 위를 끊임없이 돌아다니는 것을 발견했다. 브라운은 화분*이 생명력이 있어서 움직인다고 생각했다. 이후 이 불규칙한 입자의 운동을 브라운 운동(Brownian motion)이라고 불렀다. 반면 아인슈타인은 물 분자에 의한 충돌로 인해 꽃가루가 움직인다고 판단했다. 그리고 물 분자의 평균적인 움직임에는 불규칙한 통계적 요동이 있으리라 추정했다. 1905년 아인슈타인은 〈열 분자운동 이론이 필요한, 정지 상태의 액체 속에 떠 있는

---

* 꽃의 수술에서 형성되는 세포

보이지 않는 세계에 관한 서술

작은 부유입자들의 운동에 관하여〉라는 브라운 운동에 관한 이론을 발표했다. 원자의 실재를 입증하는 결정적인 돌파구였다. 같은 해 아인슈타인은 플랑크의 양자화 개념과 에너지 보전 법칙을 이용하여 광전효과를 발표했다. 빛을 받은 물체에서 방출되는 원자보다 더 작은 존재, 즉 전자(광전자)의 운동 에너지를 수학적으로 기술했다. 이는 빛의 입자성을 증명하는 논리가 되었으며, 1921년 그 공로로 노벨 물리학상을 수상했다. 그러니 볼츠만이 조금만 견뎠어도 극단적인 일은 벌어지지 않을 수도 있었다. 그는 원자의 실체가 어둠에 갇혀 있던 마지막 세대를 살다가 서둘러 세상을 떠난 인물이었다.

실재를 바꾸어 말하면, 이데아로서의 본질 혹은 변하지 않는 진리라 표현할 수 있다. 그럼 자연철학에서 출발한 과학도 본질을 추구할까? 진리에 가깝게 다가가려 하지만, 언제든 틀릴 가능성을 열어놓았기에 감히 그렇게 말하진 못한다. 하지만 과학자 대부분이 진리에 가장 가까이 접근한 이론으로 열역학 제2법칙을 꼽는다. 앞서 찰스 퍼시 스노가 강연에서 참석자에게 "엔트로피 법칙을 설명할 수 있느냐?"고 물었던 그 이론으로, 볼츠만은 이를 수학적 확률로 설파했다. 열역학 제1법칙은 에너지 보존 법칙이다. 그러나 열이 높은 온도에서 낮은 온도로만 흐른다는 사실을 설명하지 못한다. 이를 뒷받침하는 이론이 제2법칙이며, '엔트로피(무질서도)의 총량은 항상 증가한다'는 것이 핵심이다.

독일 이론물리학자 루돌프 클라우지우스(Rudolf Clausius, 1822~1888)가 불완전하지만 최초로 엔트로피 개념을 정립했다. 예를 들어 카드 게임을 할 때 처음엔 카드가 일정 순서대로 배열된다. 하지만 게임이 시작되어 카드가 섞이면, 최초의 질서 상태로 돌아갈 확률은 지극히 낮아진다. 순서가 섞이는 경우는 엄청나게 많지만, 순서까지 모두 맞는 경우는 단 하나밖에 없기 때문이다. 고전물리학에서는 이론상 깨진 유리잔도 되돌릴 수 있다. 그러나 그것이 실제로는 고물상에 토네이도가 몰아쳐 비행기가 만들어지고, 뾰족한 바늘 위에 천사가 앉을 만큼 낮은 확률이다. 시간 여행도 마찬가지다. 활시위를 떠난 시간 화살은 주어진 질서라는 확률 낮은 상태에서 질서 해체라는 확률 높은 상태로 진행한다. 되돌릴 수 없다는 뜻이며, 우주에 존재하는 에너지와 물질이 모두 이 법칙을 따른다. 바닷가에 쌓은 모래성도, 인간도 그리고 우주도 언젠가는 같은 결말을 맞이한다.

한편 확률은 경우의 수가 많아지면서 도입되었다. 고전역학은 초기 조건을 알면, 결과를 예측할 수 있다는 결정론이 핵심이었다. 동전의 앞뒷면, 윷놀이에서 모가 나올 확률 계산은 얼핏 간단해 보인다. 하지만 던지는 사람과 상황 등 초기 조건에 따라 변수가 복잡하다. 그래서 그 분석 도구로 확률과 통계가 등장했으며, 도박과 연금보험 등에 먼저 활용됐다. 그러나 통계 열역학에서 확률은 표본이 많아도 너무 많다. 기체를

보이지 않는 세계에 관한 서술

생각해 보자. 1세제곱센티미터 공간에 2500경 개의 공기 분자가 있고, 그것들이 그 안에서 초당 수백 미터의 속도로 충돌한다. 언제, 어떻게 분자의 개별 움직임을 추적하여 미래를 예측하겠는가? 이럴 땐 분자가 아니라 구름, 물과 얼음 등 전체의 움직임으로 관심을 전환해야 한다. 일기예보가 그 예라 할 수 있다. 따라서 축구공처럼 닫힌 계라면, 금상첨화다. 이런 통계적 방법은 맥스웰이 생각해 냈고, 볼츠만이 역학 체계를 완성했다. 물리학과 수학의 결합이다. 하지만 근저에는 고전물리학의 논리가 여전히 존재한다. 한편 양자 세계를 설명하기 위해 동원된 확률은 이와 결이 다르다. 경우의 수가 증가했기 때문이 아니라, 양자가 지닌 불확정성 때문에 생긴 확률이다. 결과적으로 확률 문제는 과학사에서 고전물리학의 시대가 막을 내리고, 새로운 양자 물리학의 시대로 접어드는 계기로 작동했다.

아인슈타인의 학문 세계

30

모네의 빛과
특수상대성이론

클로드 모네, 〈수련〉(1906)

인상주의 화가들은 자연에서 빛의 변화를 추적했다. 그리고
빛의 각도에 따라 시시각각 변하는 색채에서 순간적인 인상을
잡아낸 후 재빨리 색칠했다. 알라 프리마(wet on wet) 기법이다.

따라서 대상의 형태가 모호해지는 것은 어쩔 수 없는 결과였다. 이런 연유로 1874년 인상주의 첫 전시회에서 클로드 모네(Claude Monet, 1840~1926)의 〈해돋이〉는 루이 르루아로부터 '벽지보다 못한 그림'이라는 비판을 받았다.

'빛의 사냥꾼' 모네는 빛과 색의 관계를 좀 더 세밀하게 추적하기 위해 연작에 착수했다. 〈생 라자르 역〉에서 〈포플러〉, 〈건초더미〉 등으로 발전했다. 연작은 뜻밖에도 컬렉터의 인기를 끌었고, 모네는 그렇게 번 돈으로 1890년 파리에서 70킬로미터 떨어진 지베르니에 집을 마련할 수 있었다. 그는 그곳에 일본식 정원을 만들어 아예 빛을 잡아두고 수련 연작에 몰입했다. 이후 무려 250여 점을 남겼다.

작품은 비교적 말년에 그린 〈수련〉이다. 초기 연작에 비해 현저하게 형태가 모호해졌다. 추상성이 강해졌다고도 바꿔 말할 수 있겠는데, 사실은 모네의 눈에 백내장이 찾아왔기 때문이었다. 그러나 결과적으로 모네는 이로 인해 현대미술에 더 큰 영향을 미치게 된다. 또한 〈건초더미〉 연작은 법학 교수 임용을 앞둔 사람의 진로를 바꿨다. 그 당사자는 최초의 추상화가 칸딘스키였다. 그는 1895년 모스크바에서 열린 프랑스 인상파 전시회에서 모네의 그림을 보고서 화가가 되려는 결심을 굳혔다. 도록을 보아야만 무엇을 그렸는지 알 수 있을 정도로 건초더미의 형태는 불분명했지만 작품 속 계절에 따른 빛과 대기의 변화에 충분히 매료되었기 때문이다.

아인슈타인의 학문 세계

빛에 관한 탐구는 현대 물리학이 발전하는 과정에서 핵심적인 역할을 했다. 대표적인 예가 아인슈타인의 '기적의 해'인 1905년에 발표한 특수상대성이론이다. 요점은 둘이다. 첫째, "서로에 대해 등속으로 운동하는 두 관찰자에게는 똑같은 물리학 법칙이 적용된다." 같은 속도로 달리는 기차가 마주 보고 지나면 두 배의 속도감이 느껴지고, 나란히 가면 정지된 느낌이 들지만, 그는 이것이 모두 동일한 물리 현상이라고 주장했다. 따라서 이론의 명칭 '특수'란 매우 한정된 조건, 즉 등속일 때를 상정했기에 붙여졌다. 둘째, "빛의 속도는 우주 어디서나 일정하다." 이는 논란이 많았던 문제로, 이를 보완 설명하기 위해 등장한 일화가 열여섯 살 아인슈타인의 상상이었다. "빛을 타고 가면서 같은 방향의 빛을 바라본다면 어떻게 보일까?" 같은 방향의 등속이라면, 빛이 정지된 것처럼 보여야 마땅할 것이나 빛의 속도는 넘치거나 모자라지 않는 초속 30만 킬로미터로 일정했다.

이러한 결론에 이르는 과정은 험난했다. 뉴턴의 《광학》에서 빛은 입자였다. 그러나 하위헌스와 토마스 영으로부터 촉발된 빛의 파장설이 맥스웰 이후 대세로 자리 잡았다. 이후 입자와 파동이라는 빛의 이중성 문제가 불거졌고, 빛의 속도와 관련해서도 논란이 생겼다. 맥스웰 방정식에서 빛은 초속 299,792,458미터라는 일정한 값을 지녔다. 하지만 액면 그대로 받아들이기가 쉽지 않았다. 왜냐? 맥스웰이 빛은 전자기파, 즉 파동이라고 고백했기 때문이다. 파동이라면, 당연히 매개 물질을 통해 에너지가 전달되어야 한다. 소리(음파)는 공기, 파도(물결파)는 물, 그리고 지진(지구의 파동)은 땅. 예외가 없다. 파동은 매질의 상황에 따라 속도 차이가 필연적으로 발생한다. 따라서 빛의 가상 매질로 여겼던 에테르의 실체를 먼저 확인해야 했다. 그러나 우주 전체에 차 있어야 할 에테르를 찾으려는 과학자의 노력이 연이어 실패했다.

지구는 반년 동안 태양을 향해, 나머지 반년은 태양으로부터 멀어지는 방향을 향해 움직인다. 이 방향성에 착안하여 미국인 최초로 노벨 물리학상을 받게 되는 앨버트 마이컬슨(Albert Michelson, 1852~1931)이 에드워드 몰리(Edward Morley, 1838~1923)와 함께 정교한 실험에 들어갔다. 1887년, 그들은 계절의 변화에 맞춰 빛의 속도를 측정했다. 그런데 달라야 마땅할 속도 측정값이 똑같았다. 뜻밖의 결과로 모두 어리둥절해하는 사이에 아인슈타인이 나섰다. 그는 인생 최대의 비참한 시기를 막 벗어나고 있을 때였다. 아인슈타인의 어머니는 그의 아이를 임신 중이던 밀레바 마리치와의 결혼을 필사적으로 반대했다. 또 그는 여러 대학에서 강사 채용을 거절당했고, 임시 직장에서도 해고당했다. 다행히 대학 동창인 마르셀 그로스만의 도움으로, 스위스 베른의 특허청 3급 기술 시험사로 취직할 수 있었다. 그러나 아이러니하게도 학계에서 벗어나 오히려 자유스러운 발상이 가능하던 시절이기도 했다.

아인슈타인의 학문 세계

스물여섯 살 아인슈타인은 학계를 향해 패러다임의 전환을 요구했다. 에테르가 관측되지 않는 이유는 존재하지 않기 때문이며, 매질이 없기에 빛의 속도가 같다는 논거였다. 빛은 언제나 혼자 여행하며, 아무것도 없는 텅 빈 곳도 지나갈 수 있다. 빛에는 정지 상태가 없으며, 움직임이 일정하다. 따라서 상대적인 것은 관찰자의 속도다. 속도는 '이동한 거리(공간을 측정한 양)'를 '이동하는 데 걸리는 시간(시간을 측정한 양)'으로 나눈 값이다. 시간과 공간이 상보적이라는 의미다. 실제 우주선의 시계가 책상 위 시계보다 빨리 가고, 운동하는 로켓의 길이는 지구에 멈춰 있을 때보다 짧아진다. 그리고 줄어든 길이의 정도는 로켓 속도에 따라 다르다. GPS 시스템도 물체가 움직일 때, 시간이 늦춰지고 공간이 줄어드는 상대론적 효과를 반영하지 못한다면 무용지물이다. 하지만 과거 뉴턴은 《프린키피아》에서 이렇게 서술했다.

"시간은 다른 무엇에도 의존하지 않은 채 스스로 존재하며, 외부의 어떤 기준에도 상관없이 항상 동일한 속도로 흐른다."*

* 브라이언 그린의 《우주의 구조》 참조

이는 절대 시간을 의미한다. 하지만 태양의 중력이 지구에 영향을 미치는 데에는 빛의 속도와 같은 8분 30초가 소요됐다. 결론적으로 특수상대성이론은 뉴턴의 절대 시공간 개념을 무너트렸다. 이렇듯 과학에서 절대라는 개념은 지극히 취약하다. 한편 특수상대성이론을 상징하는 공식 $E = mc^2$에는 어떤 물질도 질량이 없는 빛의 속도를 추월하지 못한다는 함의가 숨어 있다. 예를 들어 입자가속기에서 질량 $9.1093897 \times 10^{-31}$킬로그램의 전자에 아무리 많은 에너지를 투입해도 광속을 앞에 두고는 제자리걸음이다. 이 문제는 훗날 아인슈타인이 '양자 얽힘'을 두고 동료 학자들과 신랄한 논쟁을 벌이는 원인으로 작동한다. 그러나 이를 제외하고도 특수상대성이론은 태양계 규모에서 등속일 때 성립하는 국소적 이론이다. 중력이 배제되었기 때문이다. 그러니 이를 보완하는 우주적 규모를 관통하는 일반 논리가 필요했다.

아인슈타인의 학문 세계

31
에셔와 아인슈타인이 말하는
'시공간의 상대성'

마우리츠 코르넬리스 에셔, 〈상대성〉(1953) (위쪽)
M.C. Escher's "Relativity" © 2024 The M.C.
Escher Company-The Netherlands. All rights reserved.
www.mcescher.com 로저 펜로즈, 〈삼각형〉(1958) (아래쪽)

네덜란드 판화가 마우리츠 코르넬리스 에셔(Maurits Cornelis
Escher, 1898~1972)는 스페인 알람브라 궁전의 반복적인 문양
에 매료되었다. 이후 그는 테셀레이션(쪽맞추기)이라는 도형의

이동과 대칭의 원리를 미술 기법으로 발전시켜 환상적인 작품을 완성했다. 왼쪽 상단 작품 〈상대성〉을 보자. 전경 중앙에서 계단을 오르는 사람에겐 그림 상단이 위쪽이다. 그런데 고개를 왼쪽으로 기울이면 왼쪽이, 오른쪽으로 기울이면 오른쪽이 모두 위로 묘사되었다. 네 개의 계단을 중심으로 네 개의 시각이 섞여 있다. 현실이었다면, 중력으로 인해 구현 불가능한 현상이다. 하지만 중력이 미치지 않는 우주 공간에서는 위와 아래의 개념이 없다. 그야말로 상대적이다.

에셔의 이 작품은 2020년 노벨 물리학상을 받은 영국의 로저 펜로즈(Roger Penrose, 1931~)로부터 영감을 얻었다. 그는 최고 이론물리학자 중 한 명이다. 일반상대성이론을 기반으로 스티븐 호킹은 초기 우주에 좀 더 집중했지만, 펜로즈는 1965년 논문에서 블랙홀 탄생 과정을 멋진 그림으로 표현했다. 하단에 소개된 그의 그림 〈삼각형〉 역시 3차원 공간에서 구현할 수 없는 도형이다. 3차원에서 90도를 이루어야 할 구조를 2차원 평면인 점을 이용하여 60도 삼각형으로 만들면서 착시 효과를 유도했다. 영화 〈인셉션〉에서는 이것이 '펜로즈의 계단'으로 소개됐다. 상상의 세계처럼 보이지만, 차원을 달리하면 현실적 구현이 가능하다는 메시지다.

뉴턴의 중력이론에서 슬그머니 넘어간 걸림돌이 하나 있었다. 수성이 태양에 가장 가까이 다가가는 지점(근일점)의 계

아인슈타인의 학문 세계

산이 실제 관측값과 미세한 차이를 보인 것이다. 앞서 뉴턴의 이론을 기반으로 해왕성의 존재를 밝힌 르베리에로 인해 이 쟁점이 커졌다. 그는 수성의 변칙적인 운동 구조와 관련, 발칸의 존재를 주장했다. 하지만 발칸은 발견되지 않았다. 뉴턴 역학의 한계를 넘어선 문제라고 볼 수밖에 없었다. 수성은 태양에 가장 가까이 있어서 태양의 중력으로부터 가장 많은 영향을 받는다. 근일점이 100년에 574초만큼의 미세한 변화를 불러왔다. 뉴턴의 중력이론을 응용하면 531초는 설명이 가능하다. 그러나 나머지 43초에 대한 원인은 밝히지 못했다. 각도에서 초란 매우 작은 단위다. 360도가 약 130만 초와 같다. 크리스토프 갈파르는 이 오차를 가리켜 '구식 시계 두 개의 초 눈금 사이의 공간을 500으로 나누었을 때 그중 하나 정도'라고 비유했다. 그러나 이후 작은 차이의 원인이 밝혀지면서 중력이론에 관한 패러다임이 바뀌게 된다.

뉴턴은 천체운동을 지배하는 힘의 근원으로 중력을 찾아냈다. 하지만 멀리 떨어져 있는 물체 간에 왜 중력이 생기고, 어떻게 작동하는지에 관해서는 애매한 입장을 보였다. 그것은 철학의 문제이며, "과학은 현상에 대한 결과적 설명으로 충분하다"라며 즉답을 회피했다. 이 때문에 중력은 물체 간 뜬금없이 생기는 힘인 양 취급되었다. 이른바 원격 작용 법칙이었다. 이 법칙은 빛보다 더 빠른 것이 없다는 아인슈타인의 특수상대성이론과 마찰을 일으켰다. 덴마크의 천문학자 올레 뢰머

(Ole Christensen Rømer, 1644~1710)가 처음으로 빛의 속도를 측정했다. 아이러니하게도 그는 뉴턴이 구축한 광학 이론을 이용했는데, 태양에서 방출된 빛이 지구에 도달하는 데 7~8분이 걸린다는 사실을 밝혀냈다. 따라서 태양의 중력은 적어도 빛과 같은 시간이 필요하다는 결론이 도출됐다.

아인슈타인은 1914년 취리히를 떠나 베를린 대학교로 자리를 옮겼다. 이듬해 11월 25일, 프러시안 과학학술원에서 일반상대성이론의 핵심을 정리하여 네 쪽짜리 〈중력의 장 방정식〉을 발표했다. 특수상대성이론을 발표하고 10년 만이었다. 이로써 중력은 철학이 아니라 과학적 실체로 드러났다. 질량과 에너지로 인해 공간의 곡률이 왜곡되며, 그 공간을 관통하는 시간의 변화를 초래한다는 주장이었다. 말년에 아인슈타인과 함께 공동 연구를 했던 존 아치볼드 휠러의 표현을 빌리면, "질량은 공간에 어떻게 구부러지라고 말하고, 공간은 질량에 어떻게 운동하라고 말한다." 아이들이 뛰어노는 트램펄린을 상상하면, 물질이 공간의 곡률을 왜곡하는 현상을 이해하기 쉽다.

일반상대성이론은 수성의 근일점 오차가 생긴 것이 태양이 신비한 힘을 작용해서가 아니라, 태양이 주변 공간을 구부려 생긴 중력장을 수성이 지나가기 때문에 발생한다는 점을 적시한다. 아인슈타인은 리만 기하학을 기반으로 만든 장 방정식을 통해 수성의 곡면 궤적을 계산해 냈다. 특수상대성이론과 모순을 일으키지 않는 새로운 중력이론의 방정식이었다. 종이를 돌돌 말아서 두 점이 맞닿게 만들어보자. 그러면 두 점을 연결하는 경로가 직선이 아니다. 곡선이다. 이렇게 휘어진 종이에 구멍을 뚫어서 두 점을 연결하면, 직선일 때보다 훨씬 짧은 경로가 생긴다. 이 생각을 우주 공간에 적용하면, 극단으로 휘어진 블랙홀과 연결된다. 그리고 웜홀과 평행우주, 나아가선 시간 여행으로 확장할 수 있다. 모두 공간의 곡률을 서술한 일반상대성이론에서 발전한 발상이다.

그러나 당시로선 그의 새로운 중력이론을 검증할 방법이 없었다. 아인슈타인이 태양 가까이에 있는 별의 사진을 찍어 위치와 속도를 비교해 보자는 아이디어를 냈다. 모네가 같은 장소에서 시차를 두고 그린 〈루앙 대성당〉 연작과 같은 맥락으로, 사진을 찍을 때 태양의 개입을 확인하려는 의도였다. 빛은 직선 운동한다. 질량이 없는 빛은 중력의 영향을 받지 않는다. 따라서 태양과 별 사이 힘의 문제라면, 지구에서 촬영한 별의 실제 위치에는 변함이 없어야 한다.

태양이 뜬 상태에서 사진을 찍으려면, 달이 태양을 가리는 개기일식 때 가능하다. 1914년 독일의 에르빈 프로인틀리히가 도전했다. 그러나 제1차 세계대전이 발발하면서 러시아에 관측 장비가 억류되어 실패했다. 영국의 천문학자 아서 스탠리 에딩턴(Arthur Stanley Eddington, 1882~1944)이 전쟁 막바지에 나섰다. 양심적 병역 거부자였던 그의 대체복무 차원에서 이루어진 탐험이었다. 에딩턴은 서아프리카 프린시페섬에 가서 1919년 5월 29일 개기일식 때 히아데스 성단의 사진 촬영에 성공했다. 그는 6개월 전 태양이 하늘 반대편에 있을 때 같은 곳을 찍은 사진 속 별의 위치와 비교했다. 그해 11월에 결과를 발표했는데, 별의 위치는 변동이 발생해 있었다. 개기일식 때 태양이 공간을 구부려 지구와 별 사이를 지나는 빛의 경로를 휘게 하여 발생한 오차였다. 그리고 별의 이동 거리는 아인슈타인의 방정식 값과 정확히 일치했다. 당시 영국과 독일은 적국으로 갈려 싸웠기에 더욱 극적인 발표였다. 《뉴욕타임스》는 "하늘의 모든 빛이 구부러져 있다"라는 표제로 기사를 송고했다. 그리고 에딩턴이 덧붙였다.

"뉴턴의 중력이론이 차지했던 그간의 지위가 이제 아인슈타인의 일반상대성이론에 돌아가야 한다."

아인슈타인의 학문 세계

32
수학의 덕목,
아인슈타인과 힐베르트

앙리 쥘 장 조프루아, 〈그림 그리기〉(연도 미상) (왼쪽)
앙리 쥘 장 조프루아, 〈문제 풀기〉(연도 미상) (오른쪽)

프랑스 화가 앙리 쥘 장 조프루아(Henry Jules Jean Geoffroy,
1853~1924)는 어린이를 대상으로 한 회화 작품으로 유명하다.
그의 그림 두 점을 비교해 보자. 재미있다. 아이가 칠판에 그림을 그린다. 해, 사람 그리고 바다에 떠다니는 배. 망설임이 없다. 하지만 '2+2'라는 산수 문제를 만나자 아이가 곤혹스러워한다. 하나, 둘로 표현되는 수가 추상적이기에 그렇다. 현실에서는 개 두 마리와 얼음 두 조각을 더할 수 없다. 그러나 수학에서는 가능하다. 그래서 추상적이다.

많은 이가 인생, 사랑, 정치 그리고 종교에 이르기까지 지나칠 정도로 자기 주관이 뚜렷하다. 그러나 이들 대다수는 수학을 상대적으로 어려워한다. 수학은 어쨌든 해답이 있는데 말이다. 인생과 정치 같은 난제들은 정답이 없다. 그런데도 사람들은 자기 말만 옳다며 핏대를 세운다. 그 과정에서 경청과 양보는 찾아보기 힘들다. 어찌 자가당착이 아니라고 할 수 있겠는가?

수학은 자연의 복잡한 현상을 단순화했다. 자연에서 벌어지는 현상에서 공통점과 규칙성을 찾아 일반화시켰다. 그냥 따라가다 보면, 큰 흐름을 이해할 수 있다. 뉴턴과 맥스웰 이후 수학은 과학의 훌륭한 검증 수단으로 자리 잡았다. 특히 실험이 불가능한 상황에서 수학적 증명은 신뢰성에서 높은 지위를 차지한다. 물론 수학의 추상화가 점점 진행되면서 이해하기가 더욱 어려워지는 것도 사실이다. 아인슈타인도 1943년 "수학이 어렵다"라고 쓴 아홉 살 바바라의 편지에 이렇게 답장했다.

아인슈타인의 학문 세계

"걱정하지 말아라. 내게는 더 어렵단다."

아이의 고민을 덜어주려고 일부러 한 말일 수 있다. 그러나 대중은 이따금씩 이 말을 '수학을 몰라도 물리학이 가능하다'고 곡해하곤 한다. 나아가 아인슈타인이 수학을 못했다고 착각한다. 아니다. 어릴 때 아인슈타인의 수학 실력은 탁월했다. 그러므로 저 답장은 뉴턴의 만유인력을 대체하는 새로운 중력이론, 즉 일반상대성이론을 세울 때 수학의 어려움을 절실하게 느꼈기에 나온 말일 수 있다. 앞서 설명했듯이 일반상대성이론은 시공간이 휘어진다는 점을 강조한다. 그런데 그 정도를 계산하려면, 리만 기하학이 필수적이다. 스승 가우스의 기하학을 정교하게 발전시킨 베른하르트 리만(Bernhard Riemann, 1826~1866)의 기하학은 굽은 공간의 곡률을 일반화한 난해한 이론이다. 아인슈타인은 리만 곡률과 물질의 비례 관계를 설명하는 방정식을 찾으려고 10년간 고심했다. 1913년, 그는 같은 취리히 연방 공과대학 수학 교수로 근무하는 친구 마르셀 그로스만과 〈일반화된 상대성이론과 중력이론에 관한 개론〉을 먼저 발표했다. 하지만 수성의 근일점 이동 현상을 제대로 설명하기에는 부족했다. 그는 그로스만에게 받은 리만의 미분 기하학에 관한 책을 더 깊이 파고들었다.

막바지에 아인슈타인을 특히 초조하게 만든 인물이 있었다. 바로 독일 괴팅겐 대학교의 위대한 수학자 다비트 힐베르트(David Hilbert, 1862~1943)다. 아인슈타인의 강연에 참석했던 힐베르트는 그가 무엇을 찾는지 곧바로 이해했다. 그리고 그 해를 찾는 별도의 방정식을 연구하기 시작했다. 바로 변분법이다. 무한차원 공간에서의 미적분법이라 할 수 있겠다. 그러자 아인슈타인은 번번이 틀려가면서 쫓기듯 매주 공식을 발표했다. 마침내 1915년 11월 25일, 아인슈타인이 간발의 차이로 세 쪽짜리 〈중력의 장 방정식〉을 먼저 발표했다. 이듬해 다섯 개의 장, 스물두 개의 절로 구성한 〈일반상대성이론의 기초〉에 그간의 수고를 세세하게 정리한 점으로 미루어 보아 당시 촉박했던 그의 심정을 짐작할 수 있다.

힐베르트에겐 반박할 말이 있었다. 아인슈타인이 중력의 장 방정식을 발표하기 5일 전인 11월 20일에 그는 논문 〈물리학의 기초〉를 괴팅겐 학술원에 보냈다. 내용은 아인슈타인의 새로운 방정식과 본질적으로 같았다. 그런데도 힐베르트는 자신이 먼저 발견했다는 주장을 한 번도 하지 않았다. "괴팅겐의 어떤 젊은이도 아인슈타인보다 4차원 기하학을 더 잘 안다. 하지만 과제를 해결한 사람은 아인슈타인이었다"라며 오히려 수학자가 아닌 물리학자의 상상력과 창의성을 칭찬했다. 힐베르트로서는 수학의 일부로 머물던 리만 기하학이 물리학에 응용되었다는 점이 흐뭇했을지도 모를 일이다. 실제 일반상대성이론의 장 방정식은 이후 아인슈타인조차 몰랐던 빅뱅과 블랙홀을 예측해 냈다.

아인슈타인의 학문 세계

힐베르트는 편견과 싸우던 에미 뇌터(Emmy Noether, 1882~1935)를 정식 교수로 추천한 인물이기도 하다. 그녀는 1918년 "물리계가 어떤 대칭성을 갖고 있으면, 거기 해당하는 보존량이 항상 존재한다"라는 '뇌터의 정리'를 완성했다. 이론 물리학의 기본이 되는 정리였으나 소모적인 논쟁에 휩쓸렸다. 게다가 여자라는 이유로 종신 교수직을 거부당하는 차별까지 감수해야 했다. 이때 힐베르트는 뇌터를 교수로 추천하면서 "대학은 학문을 연구하는 곳이지, 목욕탕이 아니다"라고 일갈했다. 1934년에는 이런 일도 있었다. 한 연회에서 옆자리에 앉은 나치 정부의 교육부 장관 베른하르트 루스트에게 "유대인의 영향력에서 해방되었는데, 괴팅겐 대학의 수학과가 잘 되어가느냐?"는 질문을 받았다. 대답은 역시 힐베르트다웠다.

"괴팅겐 대학 수학과요? 이제는 아무것도 없습니다."*

아인슈타인은 담대했던 선배 힐베르트의 배려에 "저는 활짝 갠 우정의 마음으로 당신을 생각하고 있습니다"라며 감사의 뜻을 표했다. 수학은 과정의 합리성을 중요하게 여기는

---

* 시어도어 젤딘의 《인생의 발견》 참조

학문이다. 김민형 교수는 저서 《수학이 필요한 순간》에서 "수학적으로 사고하면, 도덕적으로 그릇된 답을 피할 수 있다"고 알려준다. 늦지 않았다. 인생에서 오류를 줄이고, 과정을 즐기는 지혜를 수학에서 구하시라.

새로운 차원의 과학, 양자역학

33
차원을 달리한 피카소와
양자역학

파블로 피카소, 〈아비뇽의 여인들〉(1907)

현대미술의 출발점을 알린 작품은 파블로 피카소(Pablo Picasso, 1881~1973)의 〈아비뇽의 여인들〉이다. 20세기 통틀어 가장 큰 찬사와 악평이 교차했던 작품이다. 피카소는 마티스의 집에서 폴 세잔의 〈목욕하는 사람들〉(1899)을 처음 보았다. 그 후 세잔의 다시선과 사물의 본질 문제를 독창적으로 발전시켰다. 인간이 볼 수 없는 방향까지 포함한 형태의 본질을 243.9×233.7 센티미터 크기의 대형 캔버스 평면 위에 펼쳐놓은 것이다. 사물을 바라보는 인간의 기존 관습에 맞선 입체주의였다. 이로써 500여 년을 이어오던 원근법과 해부학을 혁명적으로 마감했다.

아비뇽은 피카소가 어린 시절을 보낸 스페인 바르셀로나의 번화가 이름이다. 선원을 상대하는 밤의 여인이 즐비한 거리이기도 하다. 붉고 파란 커튼을 배경으로 발가벗은 여인들은 도발적인 자세를 취한다. 팔꿈치를 위로 올려 젖가슴을 내보이거나 다리를 벌리고 앉아서 손님을 유혹한다. 왼편 세 여인의 누드에서는 세잔의 〈대수욕도〉 경향이, 오른편 두 여인에게선 입체주의의 전형이 드러난다. 아프리카 가면에서 모티브를 얻어 그린 원시를 상징하는 여인들이 들쭉날쭉 평면으로 분할되어 있다. 그러나 스물다섯 살 피카소는 당시 작품을 세상에 내놓을 생각이 없었던 듯하다. 이 작품은 1916년까지 작업실 한구석에 있다가 개인 수집가 손에 넘어갔으며, 1925년에야 〈초현실주의 혁명〉 도판에 실렸다.

피카소가 미술계의 패러다임을 바꾸어놓을 때 물리학에서도 상대성이론과 함께 또 하나의 혁명이 일어나고 있었다. 원

새로운 차원의 과학, 양자역학

자 이하의 미시 세계에서 작동하는 양자역학이었다. 1900년 베를린 대학 이론물리학자 막스 플랑크(Max Planck, 1858~1947)가 처음으로 양자 가설을 제시했다. 뜨거운 물체에서 방출되는 복사열(빛)의 파장에 따른 분포를 설명하기 위해 어쩔 수 없이 도입한 가설이었다. 양자란 에너지가 수돗물처럼 연속적인 것이 아니라, 불연속적인 덩어리로 이루어져 있다는 설명이었다. 이 가설에 기초한 모든 이론이 양자 이론이며, 여기에 통합되지 않는 것이 고전이론이다.

1911년, 어니스트 러더퍼드(Ernest Rutherford, 1871~1937)가 최소 입자인 원자의 내부 구조를 밝혀냈다. 원자는 중심엔 양전하(+)를 띤 핵이 있고, 그 주위로 음전하(-)를 띤 전자가 태양계처럼 궤도 운동을 한다. 그중 전자가 묘하다. 회전을 계속하면서도 에너지를 상실하지 않는 것이다. 1913년, 그와 동문수학한 덴마크의 물리학자 닐스 보어(Niels Bohr, 1885~1962)가 그 모순을 풀려고 양자 개념을 도입했다. 전자의 에너지가 상실되지 않는 까닭은 양자화되어 불연속적으로 특정한 궤도를 돌고 있기 때문이라고 진단했다. 그의 새로운 원자 모형에 따르면, 양파 껍질과 같은 각 궤도에는 고유의 에너지가 있으며, 전자는 바깥 궤도에서 안쪽 궤도로 점프(양자 도약)할 때 빛의 입자를 방출한다.

1927년 10월, 제5회 솔베이 회의가 '전자와 광자'를 주제로 브뤼셀에서 개최되었다. 양자역학이 드디어 물리학의 중앙 무대로 진출했음을 선언하는 상징적인 모임이었다. 초청받은 스물아홉 명 중 열일곱 명이 노벨상을 받았거나 받을 예정이었다. 회의에서는 '코펜하겐 해석'이라고 불리는 양자물리학의 두 가지 주류 이론이 발표되었다. 먼저 하이젠베르크의 불확정성 원리다. 입자의 위치를 알면 정확한 속도를 모르고, 속도를 알면 정확한 위치를 알 수 없다는 이론이다. 초기 조건을 안다면, 입자의 운동 방향과 결과를 예측할 수 있다는 고전역학을 송두리째 부정하는 이론이다. 다른 하나는 보어의 상보성 원리다. 어떤 문제에 접근하는 두 가지 방법이 겉으로는 서로 모순을 보여도 궁극적으로는 하나에 속한다는 개념이다. 동양의 음양설과 맥락을 같이한다. 물질을 구성하는 소립자들이 입자임에도 불구하고 기묘하게 파동처럼 행동한다(양자 중첩)는 의미로 사용했다. 둘 중 하나이기를 고집하는 인간 앞에 '입자도 아니고 파동도 아닌', 혹은 '입자이면서 파동인' 모호한 존재가 등장한 것이다.

다행히 극미 입자들은 행동 양식이 모두 같았다. 1925년 하이젠베르크는 행렬역학을 통해 양자의 행동을 예측해 냈다. 이어 한 달도 지나지 않아 슈뢰딩거가 파동역학을 제시했다. 전자들은 특정 시간에 특정 공간을 점유하지 않고 구름의 형태로 골고루 퍼져 있다. 따라서 파동의 크기(밀도)가 곧 입자를 발견할 확률이 된다. 양자역학은 상반된 전제로 같은 결론에

새로운 차원의 과학, 양자역학

닐스 보어의 상보성 원리를 나타내는 태극 문양

이르는 두 가지 이론을 갖게 되었다.

아인슈타인은 과학을 확률로 접근하는 양자역학이 못마땅했다. 그러나 확률파동에 대해서는 부정할 수 없었다. 그래서 불확정성 원리에 대한 공격 대신 "우주를 설명하는 궁극적인 이론이 될 수 없다"라는 쪽으로 논거를 바꾸었다. 그리고 귀신이 곡할 논리를 과학이라고 감싸는 코펜하겐 해석을 싸잡아 비난했다. 아인슈타인은 광양자설을 주장하여 플랑크의 양자 가설을 뒷받침한 양자역학의 선구자다. 금속 표면에 빛을 쪼이면, 그 안에서 움직이는 전자는 입사된 빛 에너지를 불연속적인 알갱이 단위로 흡수한다. 이 알갱이가 광양자다. 그런데도 아인슈타인은 어떻게 해서든 반대 논리를 찾아내려 했으며, 그의 거부감은 종종 "신은 주사위 놀이를 하지 않는다"라는 말로 표출됐다. 이런 일이 계속되자 친구이자 물리학자인 파울 에렌페스트는 반농담 삼아 이렇게 말했다.

"난 자네가 부끄러워. 새로운 양자론에 대해 예전에 자네의 상대성이론 반대론자들처럼 반박하고 있네."

아인슈타인은 어느덧 기성세대로 변해 있었다. 그는 거시적 관점에서도 납득할 수 있는 양자역학을 고집했다. 하지만 어쩌랴, 미시 세계는 그를 외면하고 있었는데. 아인슈타인도 자기가 늙은 바보로 취급당한다는 사실을 잘 알고 있었다. 하지만 이것이 위대한 과학자의 말년 모습의 전부라고 생각하면 안 된다. 1931년 9월 그는 하이젠베르크와 슈뢰딩거를 다시 한번 노벨상 후보로 추천했다. 추천서에는 "양자이론에는 의심할 여지없이 궁극적인 진리가 담겨 있다"는 문장을 실었다. 물론 불완전하다는 점은 양보하지 않았다. 한편 입자론을 밝힌 자기 견해와 달리 "모든 물질은 입자와 파동의 이중성을 갖는다"라고 주장하는 루이 드 브로이(Louis de Broglie, 1892~1987)를 격려했다. 선배인 플랑크가 상대성이론의 연구를 만류하면서 자기에게 들려주었던 말을 그는 드 브로이에게 반복했다. "하지만 계속하게! 자네가 가는 길이 옳으니 말일세." 마침내

새로운 차원의 과학, 양자역학

드 브로이는 물질파 이론으로 1929년 노벨 물리학상을 받았
다. 그리고 슈뢰딩거에게 영감을 주어 앞서 소개한 파동 방정
식의 탄생을 도왔다. 과학도 격려를 자양분으로 하여 자란다.

34
발라의 닥스훈트,
슈뢰딩거의 고양이

자코모 발라, 〈끈에 묶인 개의 역동성〉(1912)

위 작품 제목은 〈끈에 묶인 개의 역동성〉이다. 한 여성이 애완견 닥스훈트와 함께 걷고 있다. 닥스훈트는 허리가 길고, 다리가 짧아 오히려 매력적인 오소리 사냥개다. 1910년 이탈리

새로운 차원의 과학, 양자역학

아에서 출범한 미래주의 운동의 주도자 자코모 발라(Giacomo Balla, 1871~1958)가 이 그림을 그렸다. 구도가 파격적이다. 여성의 발과 함께 개의 다리에 초점을 맞추고, 중첩된 형태로 속도를 표현했다. 역동성을 표현하기에 닥스훈트의 짧은 다리가 안성맞춤이라 여긴 듯하다. 이처럼 미래주의는 입체주의에서 한 걸음 더 나아가 시간을 담았다. 하지만 그림에는 가볍게 접근할 수 있어서 좋다. 종종걸음을 치면서 꼬리를 흔드는 닥스훈트의 특징적인 모습이 몹시 유쾌하다.

유명한 입체-미래주의 작품으로는 〈계단을 내려가는 나부 II〉(1912)가 있다. 역시 중첩된 형태로 표현했다. 1911년 뒤샹은 파리에서 열리는 '입체주의 앙데팡당전'에 이 작품을 출품했으나 거부당했다. 불쾌감을 느꼈던 뒤샹은 1913년, 뉴욕 아모리 쇼에 그림을 다시 출품했다. 작품은 입체주의를 거의 몰랐던 당시의 미국인에게 엄청난 충격을 주었다. 이에 힘입어 뒤샹은 미국으로 이주한 후 뒤처진 화단의 관행을 바꾸어놓기 시작했다. 캔버스 위에 물감으로 그린 물질적 회화가 아니라 작가의 생각이 중요하다는 개념 미술의 탄생이 그것이었다. 흥미롭게도 〈계단을 내려가는 나부 II〉는 양자역학자 하이젠베르크의 책 중 한 권의 표지였다고 한다. 난해한 미시의 세계를 쉽게 이해시킬 만한 어떤 영감을 이 작품에서 얻으려 한 걸까?

양자역학에서 볼프강 파울리(Wolfgang Ernst Pauli, 1900~1958)가 1925년에 발표한 배타 원리가 인상적이다. 원자 이하, 즉 아(亞)원자 중에 짝을 이룬 입자들은 아무리 멀리 떨어져 있더라도 상대 입자가 무엇을 하고 있는지를 즉시 알아차린다(양자 얽힘)는 주장이다. 이것은 질량이 있는 어떤 것도 빛보다 빠를 수 없다는 특수상대성이론과 마찰을 일으킨다. 스핀이라는 성질로 인해 나타나는 현상으로 한 입자의 스핀이 결정되는 순간, 짝을 이룬 다른 입자는 반대의 스핀을 갖는다. 놀랍게도 1997년 제네바 대학의 물리학자들이 서로 반대 방향으로 약 12킬로미터를 쏘아 보낸 광자를 통해 그 사실을 증명했다. 물리학자들이 말하는 국소성*을 극복한 것이다. 양자 얽힘을 유령에 비유했던 아인슈타인이 살아 있었다면, 몹시 머쓱했을 실험이다.

1927년, 하이젠베르크가 전자의 위치 측정과 관련한 사고실험을 했다. 사고실험은 아인슈타인의 특수상대성이론처럼 실제 실험이 어려운 상황에서 선택하는 방법이다. 전자의 위치를 눈으로 확인하려면, 빛이 있어야 한다. 그런데 충돌하는 빛의 에너지로 인해 질량이 매우 작은 전자가 튕겨 나간다. 콤프턴 효과다. 따라서 당연히 속도 교란을 일으킨 전자의 위

---

* 국소성의 원리(principle of locality): 공간적으로 멀리 떨어져 있는 두 물체는 절대 서로 영향을 직접 줄 수 없다는 물리학 원리

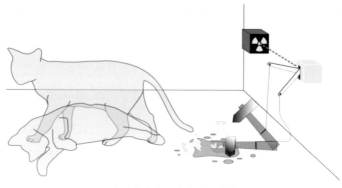

슈뢰딩거의 고양이 사고실험

치 확인이 불가능하다. 하이젠베르크는 전자의 위치와 속도와의 불확정성을 이런 식으로 표현했다. 그러자 오스트리아 에르빈 슈뢰딩거(Erwin Schrödinger, 1887~1961)가 양자 중첩에서 발생하는 실재성을 공격하고자 역시 사고실험으로 대응했다.

그는 고양이를 등장시켰다. 먼저 고양이 한 마리를 무쇠로 만든 상자 안에 가두어놓는다. 그리고 그 안에는 깨지기 쉬운 용기에 담긴 독가스와 방사성 원자들이 함께 들어 있다. 방사성 원자가 누출될 경우, 망치가 용기를 때려 독가스가 발생하고 고양이는 죽게 된다. 원자가 붕괴하여 한 시간 안에 용기를 깨뜨리게 될 확률이 50퍼센트라고 하자. 한 시간이 지난 다음, 내부를 들여다보지 않은 상태에서 상자 속 고양이의 현재 상태를 어떻게 설명하느냐가 핵심이다. 슈뢰딩거는 미시 세계(방사성 원자)에서 벌어지는 현상이 거시 세계(고양이)에 미치는 영향을 가정했다. 양자역학적으로 답하려면, 고양이가 '반은 살아 있고, 반은 죽은' 중첩 상태로 기술할 수밖에 없다. 실제 상황에선 있을 수 없는 서술이다. 100퍼센트 죽었거나, 살아 있는 경우 둘 중 하나일 수밖에 없기 때문이다. 이 지점에서 슈뢰딩거가 질문했다.

"그럼, 이 괴상한 양자 중첩이 과연 실재하는 거냐?"

보어는 거시 세계와 달리 양자의 세계에서는 실제 나타나는 현상이라고 변호했다. 인과론적인 물리학적 지식으로는 도저히 이해할 수 없는 미시 세계의 독특한 결과라는 반박이었다. 따라서 실재 여부를 다투는 것은 소모적이라고 주장했다. 하지만 아인슈타인은 완강했다. "과학은 무엇이 존재하는지를 결정하는 것이 유일한 목적"이라며 객관적 실재를 보여주지 못하면, 그것은 완전한 이론이 될 수 없다고 반박했다. 여기서 오해가 있어서는 안 된다. 양자역학자들이 사실 관계를 왜곡한 것이 아니다. 양자 세계에서는 확률적으로 '반은 죽었고, 반은 살아 있는' 상태가 얼마든지 존재한다. 그래서 코넬 대학교 응집물질물리학자 데이비드 머민은 "입 닥치고 그냥 계산해!"라고 말했다. 표현이 좀 심했다. 그럼, 이건 어떨까?

"홍시 맛이 나기에 홍시 맛이 난다고 했을 뿐이다."

〈드라마 〈대장금〉 대사 중〉

얼마 전 유튜브에서 양자 중첩과 얽힘에 관한 재미난 예를 들었다. 중식당에 관한 이야기였다. 브라이언 그린은 불확정성 이론과 관련해 북경 오리와 광둥 새우를 예로 들었지만, 우리에겐 짜장면, 짬뽕이 더 와닿으니 바꿔보겠다. 중식당엔 짜장면과 짬뽕의 성질을 함께 가진(중첩) 음식이 있다. 짬짜면과는 다른 개념이다. 여하튼 손님이 확인하는 순간, 음식은 비선택적으로 짜장면 혹은 짬뽕으로 나타난다. 또한 서울에서 짜장면이 나타나면, 그 순간 부산에서는 무조건 짬뽕이 등장한다. 역의 경우(짬뽕→짜장면)도 정확히 일치한다. 다시 한번 이야기하지만, 여기서 정보가 빛보다 빨리 전달된다는 사실은 특수상대성이론을 거스른다. 그러나 입자에는 이런 성질이 최초부터 얽혀 있다. 전자의 스핀에서 업(up)과 다운(down)이 이와 같다. 이런 설명이 얼마나 독자의 이해에 도움이 될지는 모르겠지만, 자연이 인간의 직관에 관심이 없다는 건 분명하다. 따라서 아인슈타인이 우주에서 찾고자 했던 신의 섭리는 적어도 미시 세계에서는 존재하지 않았다.

35
대가들이 보여주는
우정과 논쟁

밀레, 〈접목하는 농부〉(1855)

프랑스의 도시를 사실적으로 그린 화가가 도미에와 쿠르베라면, 농촌 현실을 있는 그대로 화폭에 옮긴 화가들의 무리가 바르비종파다. 대한민국 사람은 장프랑수아 밀레(Jean-François

새로운 차원의 과학, 양자역학

Millet, 1814 ~ 1875)를 가장 먼저 떠올린다. 하지만 테오도르 루소(Théodore Rousseau, 1812~1867)가 구심점이 되어 자연주의 화풍을 선도했고, 밀레는 가장 뒤늦게 합류했다. 당시 밀레는 몹시 곤궁했다. 아내와 아홉 명의 아이를 먹여 살려야 했고, 두 동생도 화가가 되겠다며 바르비종에 합류했기 때문이다.

1855년 파리 만국박람회 미술전에 밀레는 〈접목하는 농부〉를 출품했고, 그림은 현장에서 최고 가격인 3,000프랑에 팔렸다. 그는 컬렉터에게 감사의 뜻을 표하고 싶었지만, 신원을 밝히지 않은 사업가였기에 만날 수 없었다. 그러다 세월이 흐른 후 루소의 집을 방문했는데, 그의 침실에 자기 작품이 걸려 있는 것을 목격했다. 말없이 자신의 자존심을 지켜준 친구의 진심 어린 도움에 밀레는 감동했다.

이번엔 루소의 불행이 시작되었다. 아내의 정신 건강이 악화되었고, 부친까지 그에게 의존했다. 풍경화에 천착한 탓인지 1861년 경매마저 실패로 끝났다. 설상가상으로 1863년 스케치를 하고자 몽블랑을 찾았을 때는 폐렴에 걸렸다. 불면증에 시달리며 점점 쇠약해진 루소는 몸이 마비된 가운데 밀레가 보는 앞에서 사망했다. 밀레는 친구의 병든 아내 등 루소의 가족을 끝까지 돌보았다. 이후 밀레의 유언에 따라 두 사람은 바르비종 공동묘지에 나란히 묻혔다. 그리고 산책을 즐기던 퐁텐블로 숲길에는 두 사람의 모습이 담긴 앙리 샤퓌 (Henri Chapu)의 부조가 바위에 새겨졌다. 돈은 가치 중립적이다. 그러나 어떻게 사용하느냐에 따라 인격이 부여되기도 한다.

양자 이론은 한 천재의 통찰력이 아니라, 많은 과학자의 고민이 축적되면서 체계화되었다. 그만큼 복잡했고 이전의 개념으로는 접근하기 어려운 분야였다. 당연히 학자 간 입장이 찬반으로 나뉘어 치열한 토론이 끊이질 않았다. 그 중심에는 현대 물리학의 대가 아인슈타인과 닐스 보어가 편을 나누어 버티고 있었다. 아인슈타인은 1952년 이스라엘 대통령직을 사양할 정도로 인격과 절제력이 검증된 인물이었다.

보어는 조용하면서 사려 깊었다. 그는 1921년 영국의 프레더릭 소디(Frederick Soddy, 1877~1956)에게 노벨 화학상을 빼앗긴 적이 있었다. 스승인 러더퍼드가 변위법칙*과 관련한 자기 아이디어에 무관심했기 때문이다. 그러나 보어는 일절 내색하지 않고 스승에 대한 존경심을 평생 유지했다. 이듬해 마침내 그는 노벨 물리학상을 받았다. 이때 러더퍼드의 축전을 받았는데 보어는 12년간 보여준 러더퍼드의 우정에 깊이 감사하며 진심으로 축하 인사를 반겼다.

아인슈타인과 보어는 1920년 4월 베를린에서 처음 만났다. 보어가 양자 원자와 원자 스펙트럼 이론에 대해서 강연해

---

*　변위 법칙(變位法則): 방사성 원소가 붕괴할 때의 원자 번호와 원자량의 감소에 관한 법칙

달라는 막스 플랑크의 요청을 받아들이면서 이루어졌다. 보어는 흥분과 우려 속에서 플랑크와 아인슈타인을 만났다. 그들은 인사를 마치자 곧바로 물리학에 대한 이야기를 나누었고 편안한 분위기가 조성되었다. 아인슈타인은 베를린 근처 달렘에 있는 플랑크의 집에 묵고 있었던 보어를 저녁 식사에 초대했다. 제1차 세계대전 종전 직후로 식량 부족이 심각했으며, 반유대주의가 극심하여 학생들이 아인슈타인의 강의를 집단으로 중단시켰을 때였다. 파업으로 전차가 다니지 않을 때였는데 아인슈타인은 약 15킬로미터 거리를 걸어가서 보어를 집으로 데리고 왔다. 한 끼 식사를 위해 왕복 30킬로미터를 걸었다는 뜻이다. 그리고 헤어진 후 아인슈타인이 먼저 보어에게 편지를 썼다.

"살아오면서 당신처럼 함께 있는 것만으로도 큰 기쁨을 주는 사람을 만난 적이 거의 없습니다."

보어는 깜짝 놀랐다. 아인슈타인보다 여섯 살 어린 그는 존재감에 있어서 현존하는 최고의 지성과 자신을 감히 비교할 처지가 아니라고 생각했다. 보어는 어설픈 독일어로 "당신과 만나 이야기를 나눈 것은 내게 매우 소중한 경험이었습니다. (…) 달렘에서 당신 집까지 걸으며 나눈 대화는 평생 잊지 못할 겁니다"라고 답장했다. 아인슈타인은 그해 8월 그리고 1923

년 노벨상 수상 강연을 마친 뒤 일부러 코펜하겐을 방문하여 보어와 재회했다. 두 사람의 우정은 깊어져 갔다.

하지만 학문적 토론만큼은 서로 한 치의 양보가 없었다. 1927년 코펜하겐에서 열린 솔베이 학회에서 두 사람이 벌인 논쟁은 과학사의 한 페이지를 장식한다. 당시 아인슈타인이 아침에 부정적인 질문을 던지면, 보어가 저녁에 답을 제시하는 형태로 진행되었다. 아인슈타인은 끝까지 자기 주장을 굽히지 않았다. 이런 경계심은 베른의 특허사무소에서 일할 때 그에게 밴 습성 때문일 수 있다. 소장인 프리드리히 할러는 "신청서를 집어 들 때는 발명자가 주장하는 모든 것이 틀렸다고 생각하라"고 강조했다. "그렇지 않으면 발명자의 사고방식에 빠져들어 편견을 가지게 된다"고 주의를 줬다.[*] 보어도 아인슈타인의 광자 가설을 극도로 싫어했다. 1923년 콤프턴 산란 실험을 통해 광자의 실체가 인정되었는데도 이를 모른 채 거부했다.

훗날 카를로 로벨리가 "아인슈타인은 이 새로운 아이디어에 실제로 모순이 없다는 것을, 보어는 상황이 처음 생각한 것만큼 명확하지 않다는 것을 각각 인정해야 했다"라고 평했다. 이후 보어의 답변에 만족하지 못한 아인슈타인은 직접 완

---

[*]　만지트 쿠마르의《양자혁명》참조

벽한 이론을 찾는 데 마지막 생애 25년을 쏟아부었다. 그것이 바로 통일장 이론이다. 그러나 진전이 없었고, 세상은 양자역학이 학문적 대세를 이루었다. 쓸쓸해진 그는 1955년 일흔여섯 번째이자 마지막 생일을 지낸 후 보어에게 편지를 썼다. 비핵화를 요구하는 철학자 버트런드 러셀의 비핵화 선언에 동참을 요청하는 내용이었다.

"그렇게 얼굴을 찌푸리지 말아요. 이것은 물리학에 대한 우리의 오랜 논쟁과는 아무 관계가 없어요. 오히려 우리가 완전히 동의하는 것과 관련된 문제입니다."

보어도 아인슈타인의 도전이 의미심장했다는 사실을 잘 알고 있었다. 보어는 아인슈타인이 세상을 떠난 후에도 물리학의 근본 문제에 대해서 생각할 때면, "그가 어떤 반응을 보일까?"를 늘 염두에 두었다. 보어는 1962년 치명적인 심장 발작으로 죽기 하루 전날 밤, 서재 칠판에 그림 하나를 그려놓았다. 1930년에 아인슈타인이 하이젠베르크의 불확정성을 공격하기 위해 사용했던 바로 그 '빛 상자'였다.

36
잭슨 폴록의 프랙털과
만물 이론

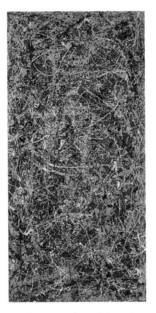

잭슨 폴록, 〈No. 5〉(1948)

'미술계의 제임스 딘' 잭슨 폴록(Paul Jackson Pollock, 1912~
1956)의 〈No. 5〉다. 1억 4천만 달러(한화 약 1640억 원), 회화 역
사상으로는 개인 작품 최고가를 기록했다. 폴록은 "그림은 왜

새로운 차원의 과학, 양자역학

캔버스를 앞에 두고 붓으로 그려야 하냐?"라는 의문을 제기했다. 그러고는 캔버스를 바닥에 놓고 가정용 페인트를 뚝뚝 떨어뜨리며 그렸다. 액션 페인팅이었다. 이렇게 미국에서 독자적으로 탄생한 새로운 미술 사조 추상표현주의는 무의미한 혼돈의 극치를 보여주는 듯했다. 1950년 11월 20일자 매거진 《타임》에서도 "빌어먹을 카오스!(Chaos, damn it!)"란 제목으로 혹독한 비평 기사를 게재했다. 폴록은 다음 날 같은 잡지에 "No chaos, damn it!"이라는 제목으로 반박 글을 썼다.

폴록이 죽은 지 40여 년이 지나 현대 물리학자들이 그의 작품을 재조명했다. 그리곤 카오스와 함께 놀랍도록 정교한 프랙털을 발견했다고 한다. 프랙털은 부분과 전체가 동일한 구조(자기 유사성)를 갖고 끝없이 되풀이되는 특징을 말한다. 자연에서 나타나고, 미술과 음악에서도 사용된다. 물론 과학에서도 발견된다. 뉴턴 역학은 지상과 천상에 공통으로 작용하는 동일한 구조의 힘을 밝힌 이론이다. 또한 맥스웰은 전기와 자기를 결합하면서 빛이 전자기임을 수학 공식으로 증명했다.

아인슈타인은 1921년 노벨상 수상 기념 강연에서 물리학 전체를 아우르는 힘의 통일, 통일장 이론을 언급했다. 1925년 이후 그는 양자이론과 자신의 일반상대성이론 사이에서 프랙털을 발견하려고 애썼다. 여기엔 차원의 문제가 개입된다. 차원은 이렇게 생각하면 이해가 쉽다. 굵은 밧줄을 아주 멀리 떨어진 곳에서 보면 1차원 선처럼 보인다. 하지만 가까이에서 보면 한 차원이 추가된 2차원 표면이다.

차원 문제는 무명의 독일 물리학자 테오도르 칼루자(Theodor Kaluza, 1885~1954)가 최초로 제기했다. 1919년 어느 날 그는 아인슈타인에게 논문 한 편을 보냈다. 일반상대성이론을 4차원 버전으로 확장하면서 추가로 얻어지는 방정식이 맥스웰의 전자기 방정식과 일치한다는 내용이었다. 이는 중력과 전자기력을 하나로 통합했다는 의미였다. 1926년에는 스웨덴 물리학자 오스카르 클라인이 아이디어를 보탰다. 여분의 차원이 숨어 있는 곳을 구체적으로 가리켰는데, 그곳을 플랑크 길이(1.62×10^{-35}미터)정도의 영역이라고 했다. 플랑크 길이는 현재 우리가 알고 있는 가장 짧은 길이로, 물리법칙이 성립하지 않는다. 공간으로서 의미가 없는 영역이다. 클라인은 자신의 논리가 우주 차원에서도 적용될 수 있다고 생각했다.

아인슈타인은 칼루자-클라인 이론에서 영감을 받아 통일장 이론을 찾으려 했다. 그러나 주변에서는 그를 "양말을 신지 않고 다니면서 괴상한 일에만 관심을 두는 외로운 영감"으로 취급했다. 반면 그가 심하게 거부 반응을 보였던 양자역학의 유령 같은 원격작용이 존 스튜어트 벨(John Stewart Bell, 1928~1990)의 부등식과 실험으로 실재가 증명되었다. 그의 학문적 고립감은 더 깊어졌다. 하지만 생전에 이루지 못한 아인슈타인의 꿈은 1930년대부터 1960년대에 걸쳐 약한 핵력과 강한 핵력이 발견되면서 새로운 국면을 맞았다. 두 힘은 일상생활에서 인지할 수 없는 원자핵 내 가까운 거리에서 작용한다. 전자기력과 비교하여 힘이 1,000배 정도 약해서 약력, 반대로 100배 정도 강해서 강력이라고 부른다. 강력은 원자핵을 붙잡아 두는 힘이다. 하지만 우라늄이 납으로 변하는 것처럼 특정 원소의 원자들이 입자와 방사선을 내뱉은 후 다른 원소로 변하는(방사선 감쇠) 현상을 설명하지 못했다. 따라서 원자 내부에 또 다른 힘이 존재해야 했다. 약력이다. 힘의 세기는 강력 > 전자기력 > 약력 > 중력 순이다. 이제 과학자들은 네 가지 힘을 관통하는 통일 이론을 찾아야 할 당위성이 생겼고, 그것은 물리학의 성배가 되었다.

　1970년대 중반, 양성자와 중성자를 이루는 쿼크의 존재를 확인하면서 입자물리학의 표준모형이 완성됐다. 전자기력, 약력, 강력 등 세 가지 힘과 자연계의 기본입자 간 상호 작용을 설명해주는 대통일이론의 완성이다. 셸던 리 글래쇼(Sheldon Lee Glashow, 1932~)와 그의 고교 동창이자 당시 최고의 물리학자 스티븐 와인버그(Steven Weinberg, 1933~2021), 그리고 런던 임페리얼 칼리지의 파키스탄 태생 무함마드 압두스 살람(Muhammad Abdus Salam, 1926~1996)이 그 공로로 1979년 노벨물리학상을 공동 수상했다. 그래서 와인버그-글래쇼-살람 모형이라고도 불린다. 하지만 미시와 거시 세계를 하나의 물리 현상으로 이해하기에는 불충분했다. 중력이 빠졌기 때문이다.

그래서 과학자들은 표준모형과 중력을 아우르는 진정한 의미의 만물이론을 찾기 시작했다. 대표적인 것이 끈 이론과 막 이론이었다. 그중 끈 이론은 물질을 이루는 최소 단위를 입자가 아니라 '아주 작은 영역에서 특정 에너지를 가진 채 진동하는 끈'이라고 상정했다. 다만 여기서 끈은 굵기가 없고 길이만 있기 때문에 1차원적 대상이라는 가설을 세웠다. 끈 이론은 놀랍게도 질량 0, 스핀 2인 중력자(중력을 매개하는 입자)를 설명하기에 중력과 양자역학 모두를 만족한다.* 끈 이론은 에드워드 위튼에 의해 초끈 이론과 다섯 개의 끈 이론을 통합한 M-이론으로 발전했다. 끈은 특정 차원, 즉 10차원(초끈 이론)과 11차원(M-이론)의 시공간에서 진동한다.** 그러나 다차원 문제는 3차원에 고정된 우리의 인지로 납득하기에 무척 어렵다. 실험을 통한 검증이 불가능하며, 아직은 수학적 기술로만 존재한다.

스티븐 호킹은 아인슈타인의 중력이론이 우주 초기 특이점에서는 양자역학과 충돌한다는 점에 집중했다. 그런데 양자역학의 법칙은 블랙홀에서 통하지 않았다. 예측과 달리 블랙홀 안으로 들어갔던 정보가 밖으로 나올 수 없기 때문이다. 호킹은 상대성이론과 양자물리학의 맹렬한 결합이 정보 파괴로

---

*   브라이언 그린의 《우주의 구조》 참조
**   미치오 카쿠의 《불가능은 없다》 참조

새로운 차원의 과학, 양자역학

이어진다고 추론했다. 그리고 이 정보 모순의 문제가 양자 중력 법칙을 이해할 수 있는 강력한 열쇠라 판단하고 44년 동안 씨름했다. 생애 말년 그의 관심은 다중우주로 이어졌다. 그러나 다중우주 역시 우리의 인지 범위를 벗어나 상상력을 동원해도 가늠하기 어려운 문제였다.

다중우주의 가설을 처음 제안하여 양자우주론의 초석을 마련한 휴 에버렛 3세(Hugh Everett III, 1930~1982)도 냉담한 학계의 반응에 실망했다. 그는 "갈릴레이가 지구의 자전을 주장할 때도 사람들은 자전을 느낄 수 없다는 이유로 반대했다"라는 말을 남기고 학계를 떠나 방산업체로 진출했다. 오늘날 물리학자들은 빅뱅이 일어났던 무렵의 우주가 원자보다 작았다는 점을 들어 호킹의 발전된 이론을 더욱 긍정적으로 수용하는 경향이다. 아인슈타인은 자연이 어린아이와 같이 단순하다고 여겼다. 그의 생각대로라면, 인류는 머지않은 장래에 간단한 우주의 프랙털을 눈치채곤 무릎을 '탁' 치는 날을 맞이하게 될지도 모를 일이다.

37
"넌 과학이 재미있니?"
고갱과 힉스입자

폴 고갱, 〈어머! 너 질투하니?〉(1892)

폴 고갱(Paul Gauguin, 1848~1903)은 대한민국에서 제대로 대접받지 못하는 화가다. 고흐의 비참한 죽음과 중첩되어 인간적인 비난이 집중된다. 하지만 미술사에서 그는 고흐 못지않

새로운 차원의 과학, 양자역학

게 커다란 족적을 남겼다. 그가 1888년 고흐와 함께 지냈던 아를의 공동체 '노란 집'을 떠난 가장 큰 이유는 자신이 페루에서 성장했고 태생적으로 원시를 지향했기 때문이다. 처음에는 마다가스카르로 가려고 했다. 그러나 문명 세계와 너무 가깝다는 생각에 행선지를 타히티로 바꿨다. 1891년 6월 그는 타히티의 수도 파페에테에 도착했다. 그리고 프랑스 식민지인 그곳에서 유럽의 문명을 모방하려는 값싼 속물근성을 마주했으나 원주민과 동화하려 애썼다. 몇 달이 지나면서부터 제법 마음에 드는 작품을 남길 수 있었다.

이즈음 고갱은 재밌는 제목의 그림 한 점을 완성했다. 그림 속 두 젊은 여인이 해변에서 이야기를 나눈다. 한 여인이 방금 목욕을 마치고 관능적인 포즈로 누워 지난밤에 나눈 사랑을 이야기하면서 다가올 사랑에 대해 들떠 있다. 그러던 중 한 여인이 돌아앉으며 묻는다. 〈어머! 너 질투하니?(아하 오에 페이)〉. 바닥 풀밭은 현실에서 발견할 수 없는 밝은 분홍색이다. 여인의 검은 피부와 전통 의상 파레오가 도드라진다. 고갱은 "조화를 위해서라면, 색을 임의로 사용할 권리가 화가에게 있다"라는 입장을 보였다. 이러한 그의 발상은 야수파를 비롯하여 현대미술에 영감을 주었다. 비슷하게 질문하는 형식의 제목으로는 〈언제 결혼하니?〉〈왜, 화가 났니?〉 등이 있다.

고갱의 작품명을 패러디하여 이 장의 제목을 붙였다. 그리고 이렇게 "과학이 재미있냐?"라고 묻는 이유는 재미없어 보이는 입자와 관련한 이야기를 꺼내기 위해서다. "세상은 무엇으로 이루어졌을까?"라는 화두는 고대 그리스 철학으로부터 오늘날 입자물리학까지 이어져 왔다. 과학이 단순한 응용 기술이 아니라 자연관이라는 방증이다. 또한 믿음의 수준에서 증거의 수준으로 발전했다는 의미다. 여하튼 최소한의 존재라 믿었던 원자는 계속 쪼개지고 있다. 표준모형이 완성되면서 기본적인 틀이 드러났다. 태곳적 질문에 대한 최초의 모범답안이다.

표준모형은 중력을 제외한 전자기력, 강력, 약력 등 세 가지 힘과 입자의 상호작용을 설명했다. 그러나 너무 번잡하다. 열아홉 개의 변수와 서른여섯 개의 쿼크-반쿼크, 뉴트리노, 글루온, 힉스 보존, W와 Z-보존 등 수많은 입자로 이루어졌다. 스티븐 호킹은 이를 가리켜 '엉성한 임시변통'이라고까지 했다.* 그러나 성능 자체는 아직 이만한 것이 없다. 개괄적으로 정리하자면, 우주의 입자들은 물질을 구성하는 페르미온과 힘을 운반하는 보손으로 나눌 수 있다. 페르미온은 다시 쿼크(근본 입자)와 렙톤(경입자)으로 구분한다. 현재까지 밝혀진 물

---

* 미치오 카쿠의 《불가능은 없다》 참조

질의 최소 단위는 쿼크다. 1963년 머리 겔만(Murray Gell-Mann, 1929~2019)에 의해 개념이 탄생했다. 세 개의 쿼크가 모여 양성자와 중성자가 되며, 글루온이 결합을 돕는다.

입자가속기는 138억 년 전 초기 우주를 확인하는 블랙박스로, 실험을 통해 양자이론을 놀랄 만큼 정확하게 검증했다. 쿼크 이론을 뒷받침하는 실험적 증거 역시 입자가속기의 도움으로 가능했다. 입자가속기의 일종인 사이클로트론은 미국 물리학자 어니스트 로런스(Ernest Lawrence, 1901~1958)의 상상에서 출발했다. 그는 전자나 양성자 같은 하전 입자를 강력한 전기장이나 자기장 속에서 가속해 원자핵과 충돌시킨 후 입자들의 운동에너지, 위치, 운동량 등을 얻을 수 있다고 생각했다. 그리고 1931년 1월, 로런스가 양성자를 8만 전자볼트로 가속하는 데 성공했다. 이에 힘입어 이듬해 양성자 입자가속기 사이클로트론을 최초로 만들었다.

입자가속기는 가속 방법에 따라 크게 선형과 원형 가속기로 나뉜다. 1974년 버턴 릭터(Burton Richter, 1931~2018)가 스탠퍼드 선형 가속기로 참 쿼크를 발견하여 노벨상을 받았다. 선형 가속기는 고르고 센 입자 빔을 얻을 수 있고 에너지 손질이 적다. 반면 입자의 에너지가 커질수록 가속기 길이를 늘여야 한다. 이후 가속기는 한계를 보완하고 한정된 공간에서 가동될 수 있는 나선형 사이클로트론, 원형 베타트론, 싱크로트론으로 발전했다. 1959년에 유럽 11개국이 참여한 CERN(유럽원자핵공동연구소)에서 세계 최대 규모의 싱크로트론(LHC)을 만들었다. 지름이 9킬로미터, 둘레가 27킬로미터다. 그 결과, CERN은 1983년에 W와 Z 보손을 잇달아 발견했다. 이에 자극을 받은 미국 입자물리학자들이 표준모형의 마지막 퍼즐 '신의 입자' 힉스 보손을 찾는 데 집중했다. 이때 제기된 프로젝트가 SSC(초전도 초대형 충돌기) 건설이다. 최초 44억 달러의 예산을 책정했다. 망설이던 레이건 대통령이 최종 결정을 내리면서 작가 잭 런던의 글을 인용했다.

> "나는 내 삶의 활기가 시들어 말라버리는 것보다, 완전히 타서 재가 되는 쪽을 택하겠다."

10억 달러를 기부하겠다는 의사를 밝힌 텍사스주의 엘리스 카운티가 최종 부지로 결정되었다. 1만 7,000에이커에서 초대형 공사가 시작되었고, 2,000명이 넘는 물리학자들이 SSC에 자신의 미래를 걸었다. 그러나 정치인들은 비용의 관점에서 다시 살폈다. 클린턴이 대통령으로 취임한 후, 미 의회는 소련과의 냉전이 끝난 마당에 입자가속기 경쟁에 막대한 예산을 사용하는 게 무의미하다고 판단했다. 1993년 의회는 세간의 관심이 집중된 국제 우주 정거장 건설에 250억 달러를 배정하는 대신, 80억 달러로 불어난 SSC 프로젝트를 중단하기로 했다. 둘레가 86킬로미터에 달하는 건설을 하고자 파놓은 23킬로미터의 지하터널을 메우는 데만 별도 예산 20억 달러가 책정되었다. 레이건에게 프로젝트의 당위성을 설명한 바 있던 리언 레더먼은 저서 《신의 입자》 서문에서 관련한 소회를 이렇게 밝혔다.

"우리는 신의 마음을 읽는 것보다, 국회의원의 마음을 읽는 것이 훨씬 어려웠다."

과학은 과학자만의 일이 아니라는 교훈을 다시 한번 실감하는 사례다. 2012년 7월 4일, 가설 속의 신의 입자 힉스 보손이 48년 만에 드디어 발견되었다는 뉴스가 날아들었다. 물론 진원지는 제네바에 있는 CERN이었다.

인간―지구―우주의 하모니

38
'창백하고 푸른 점'
지구의 나이와 호기심

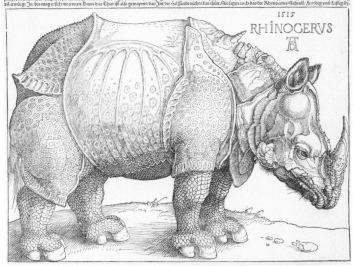

알브레히트 뒤러, 〈코뿔소〉(1515)

호기심이 많았던 화가 하면 가장 먼저 꼽히는 인물은 바로 레오나르도 다빈치다. 그가 남긴 1만 3천 쪽에 달하는 노트를 보면, 레오나르도는 해부학, 천문학, 물리학을 아우르는 자연과학자이자 과학 삽화가였다. 또한 최고 수준의 미술가로서 진정한 르네상스인이었다. 하지만 독일 르네상스 회화의 완성자 알브레히트 뒤러(Albrecht Düre, 1471~1528) 역시 만만치 않았다. 호기심이 비록 회화의 영역에 국한되었지만, 그의 스펙트럼은 매우 넓었다. 기사 헬멧, 운석, 앵무새, 토끼 그리고 한낱 잡초에서도 그는 영감을 받았다.

1513년 포르투갈 국왕 마누엘 1세는 인도로부터 처음 유럽으로 들어온 리노케로스라는 이름의 코뿔소를 선물로 받았다. 1515년, 왕은 코뿔소와 코끼리를 싸우게 했다. 코끼리가 도망가면서 싱겁게 끝났지만, 이야기가 부풀려졌다. 뒤러도 코뿔소의 모습이 몹시 궁금했다. 하지만 직접 볼 기회가 닿지 않았다. 하는 수 없이 친구들에게서 들은 이야기와 독일 상인의 스케치를 바탕으로 철갑 코뿔소를 그렸다.

판화로 제작된 그의 〈코뿔소〉 연작은 그럴듯하지만, 투구 장식처럼 보인다. 그런데도 8쇄까지 인쇄되며 4,000~5,000점 정도의 판화가 유럽 전역으로 팔려나갔다. 그리하여 그의 작품 속 코뿔소 모습이 18세기 유럽인의 인식을 지배했다. 판화는 그가 '최초의 유럽화가'라는 명성을 얻는 데 큰 역할을 했다. 하지만 그의 강렬한 호기심은 쉰여섯 살의 그를 죽음으로 내몰았다. 그는 네덜란드 여행 중 썰물에 해변으로 떠밀려 온 고래를 보려다 급성 말라리아에 걸리고 만다.

인간—지구—우주의 하모니

과학자의 호기심은 학문적 성과와 함께 인류의 미래 문명을 창출한다. 뉴턴의 호기심은 오늘날 인공위성으로 열매 맺었다. 1990년 발렌타인데이(2월 14일)가 되자 보이저 1호가 태양계 쪽으로 카메라를 돌렸다. 그리고 사진 60장을 전송했다. 태양계의 첫 가족사진이었다. 이때부터 지구는 '창백한 푸른 점'으로 불렸다. 하지만 이런 발전에도 불구하고 지구 나이와 관련해서는 사회가 이상하리만치 무지했다. 불과 1세기 전까지만 해도 서구 기독교 사회에서는 약 6천 년으로 계산된 지구 나이를 의심 없이 받아들였다. 1650년 아일랜드의 제임스 어셔 주교가 성서 기록과 유물을 신중하게 검토해서《구약성서 연대기》를 썼고, 지구가 기원전 4004년 10월 22일 오후 여섯 시(현지 시각)에 창조되었다고 확인해 주었다. 이어 영국의 신학자이자 천문학자인 윌리엄 휘스턴(William Whiston, 1667~1752)이 그해 11월 28일이라고 살짝 교정했다.

나름 과학적인 접근 방법을 동원하여 지구 나이를 조금씩 늘려나갔으나 영국의 켈빈 경 윌리엄 톰슨(William Thomson, 1824~1907)이 쐐기를 박았다. 그는 83년 생애에 69건의 특허와 661편 이상의 논문을 발표했다. 그리고 스물두 살에 글래스고 대학교의 존경받는 자연철학 정교수가 되었다. 영국 과학계에서 그의 명망과 권위는 막강했다. 전자기학, 열역학, 빛의 파동 이론에 관한 연구에서도 혁명적이었다. 특히 열역학에서 절대온도의 단위 켈빈(K)은 그의 이름에서 따온 것이다. 그런 그가 1862년에 《맥밀란스》라는 대중 잡지에서 지구의 나이를 언급했다. 태양의 일부였다는 가정하에 지구가 현재 온도에 이르기까지 2천만 년에서 4억 년 사이라고 추정하면서 9천 8백만 년일 가능성이 가장 높다고 했다. 직전 1859년에 진화론을 발표한 찰스 다윈(Charles Darwin, 1809~1882) 입장에서는 가장 극복하기 어려운 반대 논리였다. 톰슨의 계산이 맞는 것으로 받아들여지는 상황에서 지구 나이 1억 년은 종의 진화에 이르는 시간으로 절대 부족했기 때문이다.

하지만 뉴질랜드 출신 러더퍼드가 방사성 물질의 시료가 붕괴하여 절반으로 줄어드는 데 일정한 시간이 걸린다는 사실을 발견했다. 반감기였다. 그는 역청 우라늄광 조각을 연구해서 그것이 7억 년이나 된 것이라는 사실을 알아냈다. 켈빈 경의 계산보다 지구 나이가 훨씬 많았던 것이다. 또한 동위원소의 붕괴로 지구에서 열이 계속 발생하면서 그의 생각보다 지구가 빨리 식지 않는다는 사실이 증명되었다. 결국 지구 나이와 관련된 그의 주장은 생명력을 잃었고, 오히려 과학자 경력의 흑역사로 둔갑했다. 1946년에는 영국의 지질학자 아서 홈스(Arthur Holmes, 1890~1965)가 우라늄이 납으로 붕괴하는 속도를 측정하여 지구 나이가 적어도 30억 년이 되었다고 발표했다. 그리고 1953년, 미국의 화학자 클레어 패터슨(Clair Patterson, 1922~1995)이 학술회의에서 45억 5000만±7000만 년이라고 정확하게 밝혔다.

인간―지구―우주의 하모니

한편 약 46억 년 전에 지구가 탄생한 것은 이곳 생명체에 겐 행운이었다. 138억 년 전 빅뱅 이후 우주에 생명체가 살아 가는 데 필요한 원소, 즉 수소, 산소, 탄소, 질소 등이 다 갖춰 진 뒤 태양계가 만들어졌기 때문이다. 지구의 대기층과 지질 구조판은 생명체를 만드는 데 매우 중요한 골디락스 조건이 다. 이 조건은 동화 《골디락스와 세 마리 곰》에서 따온 말로, 어떤 결과를 이루는 다양하고 필연적인 조건을 강조할 때 쓰 인다. 지구엔 태양광선 중에서 유해한 전자기파를 반사하는 층이 생겼는데 이는 산소 호흡을 하는 생명체의 탄생을 도왔 다. 게다가 다른 행성에 없는 특이한 지각을 지녔다. 열 개 정 도의 지판이 마그마 위에 올라앉아 아주 서서히 움직였다. 지 판 틈 사이로 마그마가 올라와 화산이 되고, 미끄러지면서 지 진과 해일을 일으키며 산맥을 형성했다. 예를 들어 5000만 년 동안 인도판은 매년 약 5센티의 속도로 북쪽으로 밀고 올라가 아시아판 아래로 미끄러져 들어가고 있다. 그리하여 히말라야 산맥과 티베트고원을 솟아오르게 했다.

38억 년 전쯤 되었을 때, 드디어 지구에 생명체가 출현했 다. 생명체는 자기 증식 능력, 에너지변환 능력, 항상성 유지* 가 있는 것이 특징이다. 이런 특성을 보이는 생명체가 등장하

---

* 외부 환경이 변하더라도 체온, 혈당량, 체액 농도 등 체내 환경을 일정하게 유지하려는 성질

려면, 알맞은 서식 환경이 조성되어야 한다. 크게 세 가지다. 물(바다), 적절한 온도 그리고 지질구조판. 이 세 가지 조건은 삼각대처럼 얽혀 있다. 이중 하나가 빠지면, 다른 둘이 무너지는 구조다. 예를 들어 적당한 온도는 지질구조의 특성과 바다와의 관계를 함께 설명할 때 가능해진다. 마찬가지로 인간과 다른 생명체와의 관계도 서로 실타래처럼 얽혀 있다. 이것은 일개 종의 절멸이 그것으로 그치지 않고, 인류를 포함한 모든 생명체의 미래와 깊이 관련되어 있다는 사실을 확인시켜 준다. 그것이 인류가 타 생명체와 공생을 깊이 인식해야 하는 까닭이다. 그리고 '내일 지구가 멸망한다고 해도 오늘 사과나무를 심는' 각오를 다져야 하는 까닭이다.

인간-지구-우주의 하모니

39
칸딘스키와 아인슈타인의 실수,
그 결과는?

바실리 칸딘스키, 〈인상 3〉(1911)

1895년, 서른 살 바실리 칸딘스키는 그의 인생을 뿌리째 흔들 어놓는 두 가지 경험을 했다. 하나는 모스크바에서 열린 인상 파 전에서 모네가 그린 〈건초더미(1891)〉를 본 것이었다. 관행적으로 색을 선택했던 그로서는 처음으로 그림다운 그림을 보면서 마술 같은 색채의 미학에 빠져들었다. 다른 하나는 모스크바 국립 극장에서 열린 독일 낭만주의 작곡가 리하르트 바그너의 오페라 〈로엔그린〉 공연이었다. 공연을 보며 칸딘스키는 소리와 함께 색들이 떠오르는 경험을 했다. 그리고 미술이 생각했던 것보다 더 강력할 뿐 아니라 음악이 지닌 질서와 힘으로 발전할 수 있겠다고 생각했다. 이후 타르투 대학교의 법학 교수직을 물리치고 회화에 몰입했다.

초기에 그는 풍경화나 민속화에서 얻은 영감을 주제로 구상화를 그렸다. 그러나 곧 대상과 상관없이 단순한 형태와 선명한 색채를 활용하여 감정 표현의 영역을 확장했다. 여기에는 그의 조그만 실수가 계기로 작동했다. 어느 날 그는 아틀리에로 돌아와 작품 한 점을 보고 깜짝 놀랐다. 거꾸로 놓인 자기 풍경화에서 생경함을 느낀 것이었다. 그는 깨달았다. 아름다움은 점, 선, 면, 색채만으로 충분하다는 사실을.

1911년 칸딘스키는 쇤베르크의 무조* 음악에 감명받고 편지와 함께 그림을 선물했다. 〈인상 3(콘서트)〉였다. 검은색은 피아노를, 청중을 둘러싼 노란색은 감동의 클라이맥스를 표현했다. 색채나 소리 모두 전자기파의 작용이라는 측면에서 본

---

* 無調, 장조나 단조의 규칙이 없음

인간—지구—우주의 하모니

질은 같았다. 음악은 듣는 것이지만, 칸딘스키가 볼 수 있게 해 주었다. 추상 미술이다.

　과학에서 실수는 우주 예측과 인류의 미래에 치명적일 수 있다. 대중에게 알려진 아인슈타인의 가장 큰 실수는 둘로 갈린다. 우주상수와 원자탄이다. '가장 큰' 실수라는 말에는 그 실수가 하나라는 뜻이 함축되어 있다. 그러니 그것이 무엇을 의미하는지 살펴보는 것도 매우 흥미롭다. 아인슈타인의 일반상대성이론은 우주의 진화를 예측한다. 가장 극적인 예가 우주 팽창이다. 처음 우주 팽창 문제가 불거졌을 때 그는 당혹스러워했다. 결국, 직관에서 벗어나지 못한 채 안정적인 우주를 고수했다. 그리고 장 방정식에 우주상수를 도입하여 자기 이론의 단순성을 포기하고 복잡한 체계를 구축했다.

　1927년, 벨기에의 조르주 르메트르(Georges Lemaître, 1894~1966)가 우주 팽창과 관련한 논문을 《브뤼셀과학협회 연보》에 실었다. 동시에 복사본은 일반상대성이론을 가르쳐 준 스승 아서 에딩턴에게 보냈다. 하지만 안타깝게도 벨기에어로 쓰인 논문은 과학자들의 관심을 얻지 못했고, 에딩턴은 제자의 논문을 서랍 속에 넣고 잊어버렸다. 하지만 그해 10월, 정식 초청장을 못 받고 지인의 도움으로 솔베이 회의에 참석한 르메트르는 아인슈타인에게 우주가 정적이지 않다는 주장을 반복했다. 아인슈타인의 반응은 냉담했다.

"당신의 계산은 옳지만, 당신의 물리학은 형편없소."*

그나마 러시아의 수학자 알렉산드르 프리드만(Alexander Friedmann, 1888~1925)보다는 나은 대접이었다. 아인슈타인은 우주상수를 무력화하고 팽창하는 우주 모형을 제시한 프리드만의 계산이 틀렸다는 편지를 물리학 잡지에 보냈다. 이후 프리드만은 계산 못하는 수학자로 낙인찍혔다. 1929년이 되자 에드윈 허블이 직접적인 증거를 내놓았다. 그는 윌슨산 천문대의 100인치 망원경으로 안드로메다은하의 성운들을 관측했다. 이미 거리를 알고 있던 스물네 개를 기준점으로 총 마흔여섯 개 성운의 적색편이를 세밀하게 측정했다. 적색편이는 성운의 스펙트럼선이 파장이 긴 적색 쪽으로 몰리는 현상으로, 거리의 변화를 알려준다. 관찰 결과, 은하가 우리에게서 멀어지고 있으며, 멀리 있는 은하가 더 빠른 속도로 멀어진다는 결론을 도출했다. 당황한 아인슈타인은 우주상수를 부정한 것이 자신의 인생에서 가장 큰 실수라고 인정했다. 하지만 이와 관련한 언급은 우크라이나 출신 물리학자 조지 가모프(George Gamow, 1904~1968)의 자서전에 딱 한 번 등장한다. 따라서 아인슈타인과 친분이 두텁지 않은 이의 증언이라 신뢰성에서 의

* 페드루 G. 페레이라의 《완벽한 이론: 일반상대성이론 100년사》 참조

심이 간다는 평가를 받는다.

미국의 물리화학자 라이너스 폴링(Linus Pauling, 1901~ 1994)은 아인슈타인이 죽기 1년 전인 1954년 11월에 자신을 만났을 때 이렇게 말했다고 전한다.

"나의 한 가지 커다란 실수는 루스벨트 대통령에게 편지를 써서 원자탄을 개발해야 한다고 했던 것이다."

실제 아인슈타인은 1939년 8월, 헝가리 태생 물리학자 레오 실라르드(Leo Szilard, 1898~1964)의 방문을 받았다. 실라르드는 프랭크 루스벨트 대통령에게 보내는 비밀 서신을 보여주었다. 나치에 앞서 미국도 핵무기를 개발해야 한다는 내용이었다. 과학계 거인의 공감과 명성을 보탠 아인슈타인-실라르드의 서신은 1941년 대통령에게 전달되었다. 그리고 1942년 맨해튼 프로젝트가 시작됐다. 유럽에서 전쟁이 끝나자, 아인슈타인은 원자탄 사용을 반대했다. 하지만 러시아의 극작가 안톤 체호프는 "연극의 1막에 등장한 총은 3막에서 반드시 발사된다"라고 했다. 개발된 핵무기를 그냥 거둬들이기에는 인류가 그만큼 순진하지도, 이성적이지도 않았다.

폴링은 노벨 화학상과 평화상을 받은 이채로운 경력이 있는 인물이었다. 그는 오펜하이머로부터 맨해튼 계획의 화학 부문 책임자를 맡아달라는 요청을 거절했다. 전쟁이 끝나고 아인슈타인이 사망하던 1955년, 핵무기에 반대하는 러셀-아인슈타인 선언에 열한 명의 과학자 중 한 사람으로 동참했다. 그리고 전 세계 과학자들의 지지를 모아 유엔에 추가 핵실험 중지를 청원했다. 인간은 죽음을 코앞에 두면, 비로소 삶에 관해 진지해진다. 이때 아인슈타인의 삶에서 가장 중요한 잣대는 성과보다 가치로 보는 게 옳겠다. 자기 행동에 대한 후회를 멈추지 않았던 그는 말년에 "만약 다시 태어난다면, 배관공이 되겠다"라고 술회했다고 한다. 이런 맥락에서 아인슈타인의 가장 큰 실수는 원자탄 개발과 관련한 말이라는 데 한 표를 던진다.

인간-지구-우주의 하모니

40
사실과 믿음 사이,
〈천문학자〉와 사제 르메트르

요하네스 페르메이르, 〈천문학자〉(1668)

17세기 네덜란드의 사실주의 화가 요하네스 페르메이르(Johannes Vermeer, 1632~1675)의 〈천문학자〉다. 스페인에서 독립하여 해양 대국으로 번성한 네덜란드에 인문주의와 과학이 가져온 변화를 담았다. 작품 속 소품은 인물의 직업적 특성을 나타낸다. 천체의(儀)의 특정 별자리를 가리키는 듯한 손, 펼쳐놓은 책과 뭔가를 비교하는 모습에서 전문가다운 풍모가 물씬 풍긴다. 하지만 망원경이 없다. 그래서 그림 속 인물이 점성술사라는 주장이 등장했다. 비슷한 작품을 근거로 지리학자라고도 했다. 심지어 자화상을 그리지 않아 얼굴을 몰랐던 페르메이르 자신이 아니겠느냐는 추측까지 생겼다.

여기서 안톤 판 레이우엔훅이 거론된 것이 흥미롭다. '미생물의 아버지' 레이우엔훅은 페르메이르와 같은 해, 같은 고향 델프트에서 태어났다. 그는 포목상인 밑에서 일했으나 현미경을 만드는 재주가 비범했다. 배율이 300배가 넘는 당대 최고의 현미경을 만들어 미생물 세계를 관찰했다. 마흔 무렵부터 시작한 아마추어 연구자 생활 50년 동안 무려 200여 편의 논문을 영국 왕립학회에 제출했다. 그리고 1676년, 빗방울 속에서 최초로 원생동물을 발견하면서 그 한 방울 속에 828만 마리가 있을 것으로 추정했다.

한편 페르메이르의 〈천문학자〉 속 오른편 벽에 걸린 그림이 상징적이다. 아기 모세를 나일강에서 발견하는 장면인데, "새로운 과학의 등장을 은유한다"라는 평가가 있다. 모세가 이스라엘 지배자로 선택된 데에는 사막에서 그의 경험과 지식이 작용했다는 관점과 연장선에 있는 평가다. 그렇다면, 모세가 홍해가 갈라지는 신비한 자연 현상을 이미 꿰뚫고 있었을

인간―지구―우주의 하모니

지 모른다. 그리고 척박한 사막에서 무지한 백성들의 생존을 담보해 내기 위해 기적이라는 이름이 필요했던 것은 아닐까? 제갈공명의 동남풍처럼 말이다.

종교는 과학이 답해줄 수 없는 삶의 영역에서 매우 중요한 역할을 한다. 하지만 둘 사이에는 골이 깊게 파였다. 일차적인 원인은 종교의 경직성에 있었다. 기원전 6세기, 피타고라스 학회가 오르페우스교라는 종교 집단으로 변하면서 히파소스를 죽였다. 정수로 설명되지 않는 무리수의 발견을 외부에 누설했다는 이유였다. 서기 415년에는 북아프리카의 고도 알렉산드리아에서 여성 최초의 수학자이자 철학자인 히파티아가 살해당했다. 플라톤학파의 수장이던 그녀는 기독교 신자도, 그렇다고 이교도도 아니었다. 하지만 키릴루스 주교의 눈에 그녀는 이교도의 전형이었다. 그녀는 납치되어 굴 껍데기로 살갗이 벗겨진 채 산 채로 불 속에 던져졌다. 이외에도 근대 과학이 태동하는 과정에서 종교재판을 통해 학자들의 소신이 짓밟힌 경우는 일일이 소개하기가 새삼스러울 정도다.

다행히 두 영역을 중재할 인물이 존재했다. 위대한 과학자 맥스웰은 여느 신학자만큼 성경을 잘 알고 있었다. 그는 신의 진정한 실체는 오직 성경에서만 찾을 수 있다고 믿었다. 그리고 뉴턴과 패러데이와 마찬가지로, 과학적 발견을 신의 거대한 설계를 이해하는 과정이라고 여겼다. 그런데도 그는 과학과 종교 사이의 공통 기반을 세우려는 빅토리아 협회의 가입 권유를 거절했다. 1875년에 그 이유를 이렇게 설명했다.

"누군가가 과학과 종교성을 일치시키려는 노력 끝에 성취한 결과는 본인 외 그 누구도 의미를 갖지 말아야 합니다. (…) 끊임없이 변화하는 것이 과학의 본질이기 때문입니다."*

동시에 그는 과학적 연구에서 실험이 뒷받침되지 않은 이론은 임시적인 것으로 치부했다. 절대적 믿음을 요구하는 신앙과 물질적 증거를 요구하는 과학을 지혜롭게 양립한 것이다. 비결은 성경 해석 방법에 있었다. 맥스웰은 신이 6일 만에 세상을 창조했다는 창세기의 설명을 진리로 받아들일 필요가 없다고 했다. 이는 은유이며, 성경의 다른 구절 역시 메시지로서 존재한다고 여겼다.

벨기에의 예수회 사제 조르주 르메트르의 경우 역시 예사롭지 않다. 그는 '영원히 변치 않는 우주'를 버리고 일반상대성 이론의 장 방정식을 우주론에 적용한 선구자다. 그의 수학적 아이디어는 우주 팽창과 함께 역으로 우주를 수축할 경우, 초

---

* 낸시 포브스와 배질 마흔 공저 《패러데이와 맥스웰》 참조

기 원시우주에 대한 추정을 가능케 한다. 하지만 시대를 너무 앞서갔다. 그의 우주 팽창론을 열렬히 지지했던 스승 에딩턴조차 원시우주와 관련해서는 아인슈타인의 시공간 이론을 지나치게 확장했다고 지적했다. 하지만 1929년 허블에 의해 우주 팽창이 과학적 사실로 드러난 이후 르메트르는 논문 한 편을 발표했다. 과학 저널《네이처》에 게재된〈양자이론의 관점에서 본 세계의 시작〉이란 제목의 논문은, 신학적 논리가 아니라 여전히 중립적인 물리학 법칙에 근거하고 있었다.

1933년 겨울, 아인슈타인은 패서디나 캘리포니아 공대에서 열린 르메트르의 두 차례 강연을 모두 들었다. 그리고 강연 말미에 뜻밖의 반전을 보여주었다. "이제껏 들어본 창조에 대한 설명 중에 가장 아름답고 만족스럽다"라며 그의 급진적인 논리를 전폭적으로 수용했다. 사실 아인슈타인은 르메트르의 원시원자설이 기독교 창조설과 너무 흡사하다고 여겼다. 그럴 경우, 우주를 과학적으로 이해하겠다는 희망을 포기해야 할 것을 우려했다. 그러나 사제 르메트르는 "원시원자 가설은 종교적 창조설을 대체하는 과학적 논리"라고 거꾸로 아인슈타인을 설득했다.

르메트르는 방향을 바꿔 이번엔 교황 비오 12세를 설득했다. 1951년 11월 12일, 당시 과학적 분위기에 힘입은 교황이 연설을 통해 "빅뱅 이론이 창세기의 이야기를 확증한다"라고 선언했다. 위험한 말이라고 판단한 그는 교황이 신중해지길

간접적으로 요청했다. 다행히 그의 요청이 받아들여졌고, 교황은 다신 이 문제를 공개적으로 언급하지 않았다. 물론 이번에도 그가 옳았다. 스티븐 호킹은 1981년 10월, 바티칸에서 개최된 교황청 과학 학술회의에서 "우주에는 경계가 없으며, 명확한 창조의 순간도 존재하지 않는다"고 주장했다. 또한 오늘날 많은 이가 빅뱅 이전에 또 다른 우주가 존재했을 가능성을 이야기한다. 교회가 훗날 난처해지는 상황이 조성될지도 모르는 일이었다.* 교황의 말은 격이 다르다. 신자들은 교황이 하느님과 직접적으로 관계하는 유일한 인간이라고 믿기 때문이다. 르메트르는《뉴욕타임스》와 인터뷰하던 중 과학과 종교의 관계에 대해 갈릴레이의 말을 인용하여 자신의 신념을 밝혔다. 맥스웰과 맥락을 같이하는 말이다.

> "성경은 과학 교과서가 아니며, 상대성 이론은 구원과 무관하다. 이 당연한 사실을 깨닫기만 하면, 과학과 종교 사이의 해묵은 갈등은 곧바로 사라진다. 나는 하나님을 진심으로 경배하기에, 도저히 그분을 과학적 가설로 평가 절하할 수 없었다."**

---

* 카를로 로벨리의《보이는 세상은 실재가 아니다》참조
** 토마스 헤르토흐의《시간의 기원》참조

인간–지구–우주의 하모니

41
기요맹의 복권과
우주배경복사

아르망 기요맹, 〈건초더미〉(1895)

인상주의 화가 중에 아르망 기요맹(Armand Guillaumin, 1841~1927)이라고 크게 알려지지 않은 인물이 있다. 생활고 때문에 그는 그림 공부를 하면서 삼촌의 란제리 가게에서 일했고, 파리-오를리앙 철도 회사와 시청에서 근무하기도 했다. 그는 세잔을 따라 피사로가 있는 퐁투아즈에 합류했다. 피사로는 낮에 그림을 그리면서 저녁에 도랑 파는 일을 하는 기요맹을 대견스럽게 여겨 많은 도움을 주었다. 덕분에 성실했던 기요맹은 인상주의 전시 여덟 번 중 여섯 번 출품했다.

그러나 기량에서는 어쩔 수 없는 차이를 보였다. 그의 작품 〈건초더미〉를 모티브가 같은 모네의 작품과 비교해 보면, 쉽게 알 수 있다. 한편 그는 보기 드물게 파리 교외에서 벌어지는 급격한 산업 변화에 애정 어린 시선을 보냈다. 그의 작품에는 공장, 건설 현장, 노동자들의 모습이 반복해서 나타난다. 고흐는 이런 그를 존경했는데, 기요맹의 그림을 액자에 끼워 놓지 않았다고 자신을 치료하던 가셰 박사와 크게 언쟁을 벌이기도 할 정도였다. 그의 나이 마흔다섯 살에 사촌 마리와 결혼하면서 생활이 조금씩 안정되어 갔다. 그러다가 1891년에 공공복권에 당첨되었다. 10만 프랑의 거금을 손에 쥐게 되면서 작품에만 몰두할 수 있었다.

지구 나이가 46억 년이라는 사실이 밝혀졌다. 나무 나이테에서 방사능 원소의 반감기를 이용하면 정확한 추정이 가능하다. 각 원소가 붕괴 속도에서 고유의 값을 지니고 있어 시계 역할을 한 격이다. 그럼, 우주의 나이는 어떻게 확인할 수 있을까? 초기 우주에는 원소는 물론, 구성체인 전자, 중성자, 양성자도 형성되지 않았는데……. 이 숙제를 해결하는 데 슬며시 다가온 행운이 있었다. 우주배경복사의 발견이었다. 우주배경복사는 초기 빅뱅으로 인해 생긴 우주 태초의 빛이다. 따라서 우주배경복사의 출현 시기를 확인한다면, 우주의 대략적인 나이를 가늠할 수 있다. 모든 물체는 뜨거워지면, 열과 빛을 방출한다. 복사는 열을 받거나 잃을 때 에너지 준위가 바뀌면서 내는 전자기파를 말한다. 여러 가지 파장 또는 진동수를 가진 빛으로 구성되었으며, 빛의 세기와 색깔은 온도에 따라서 달라진다. 쇠나 도자기 가마가 온도에 따라 색깔이 변하는 것을 본 적이 있을 것이다. 이것이 눈으로 확인할 수 있는 열의 복사 현상이다. 우주배경복사는 전자기파 스펙트럼 중에서도 파장이 짧은 마이크로파 영역에 속한다.

1964년 미국 뉴저지에 있는 벨연구소에 근무하던 전파천문학자 로버트 우드로 윌슨(Robert Woodrow Wilson, 1936~)과 아노 앨런 펜지어스(Arno Allan Penzias, 1933~)가 처음 우주배경복사를 발견했다. 전자기파를 찾던 그들은 크기 6미터 전파망원경의 나팔 모양 안테나에서 들려오는 한 가지 잡음에 시달렸다. 안테나 안에 둥지를 튼 비둘기 배설물까지 제거하는 등 1년 넘게 노력했으나 잡음의 정체를 밝혀내지 못했다. 모든 방향에서 일정하게 감지되는 잡음은 온도가 3.5켈빈*이었

---

* 켈빈은 절대온도를 말하며, 3.5켈빈은 섭씨 -269.65도이다.

고, 주파수가 4,080메가헤르츠였다. 펜지어스가 친구인 MIT의 버나드 버크 교수에게 도움을 청했다. 버크는 다시 벨연구소로부터 50킬로미터 떨어진 프린스턴 대학교의 로버트 디키 (Robert Dicke, 1916~1997)에게 전화했다. 펜지어스와 이야기를 나눈 디키는 두 사람이 발견한 것이 무엇인지를 즉각 눈치챘다. 다리에 힘이 풀렸다. 그것은 바로 디키와 함께 짐 피블스, 데이비드 윌킨슨이 그렇게 찾으려고 애써왔던 우주배경복사였기 때문이다.

곧바로 《천체 물리학 저널》에 두 편의 논문이 실렸다. 잡음과 자신들의 경험을 설명한 윌슨과 펜지어스의 세 쪽짜리 짧은 논문과 그 정체를 규명한 디키 연구진의 논문 〈우주 흑체 복사(1965)〉였다. 물체가 내는 복사는 두 가지다. 물체 자체적으로 발광하거나, 다른 곳에서 도착한 빛을 반사하는 경우다. 흑체는 모든 빛을 완전히 흡수하여 검은색을 띠는 이론적 실체다. 따라서 흑체의 빛은 자체적으로만 발산하며, 오로지 온도에 의해서만 결정된다. 디키 연구진은 물체를 가열할 때 나오는 빛의 파장과 온도의 상관관계를 추적했다. 결국 마이크로파의 온도를 통해 그것이 비둘기 똥이나 안테나 고장으로 생긴 잡음이 아니라 빅뱅의 잔해, 즉 초기 우주의 화석이라는 사실을 밝혀낼 수 있었다.

윌슨과 펜지어스는 이 발견으로 1978년에 노벨 물리학상을 받았다. 그보다 20여 년 전 오스트레일리아의 월터 애덤스

인간–지구–우주의 하모니

와 앤드류 맥켈러가 마이크로웨이브 수신기를 이용해 절대온도 2.3켈빈 복사를 이미 발견했다고 한다. 하지만 그들은 이것이 우주 대폭발의 잔해일 수 있다는 생각은 꿈에서도 하지 못했다. 이런 측면에서 두 사람의 행운은 복권에 당첨된 화가 기요맹과 결을 같이한다. 하지만 행운도 성실이 극에 달한 사람에게 다가와야 삶을 여유롭게 하는 기제로서 작동한다는 사실을 입증했다.

당시에는 정상우주론과 대폭발(빅뱅) 우주론이 팽팽하게 맞설 때였다. 정상우주론은 우주가 평형을 이루며 시간에 따라 변하지 않는다는 관점이다. 따라서 우주가 시작과 끝이 없이 영원하다는 논리와 연결된다. 반면 조지 가모프를 대표로 하는 대폭발 이론은 한 점 우주가 어느 순간 폭발적으로 팽창했다는 이론이다. 대폭발 이론에 의하면, 초기 우주는 밀도와 온도가 지금과 달리 매우 높았다. 따라서 원자의 양성자와 중성자가 그 하부구조인 쿼크와 접착 입자로 분해되어 뒤죽박죽 섞여 있는 초고온, 초고밀도의 플라스마 상태였다. 플라스마는 고체, 액체, 기체 이외에 물질이 취할 수 있는 제4의 상태를 말한다. 지구에서 보면 거의 찾아볼 수 없지만, 우주적 스케일에서 보면 가장 흔한 상태다. 네온사인이 플라스마를 이용하는 사례이며, 어떤 섬유에 손을 댔을 때 손가락이 찌릿하게 느껴질 때 존재가 확인된다. 하지만 팽창으로 인해 우주의 뜨거운 온도가 점차 내려가 약 3,000켈빈이 되었을 때 열복사가 발생했다. 전자 내부에서 강한 결합으로 꼼짝 못 하다가 최초로 자유를 얻은 빛, 우주배경복사였다.

미 항공우주국(NASA)은 지구의 대기 등에서 발생하는 왜곡을 극복하고 좀 더 순수한 우주배경복사를 탐사할 필요를 느꼈다. 1989년 11월 18일, 그들은 우주배경복사 탐사선(COBE)을 발사했다. 그리고 이듬해 탐사선의 원적외선 절대 분광 광도계가 탐사 결과를 보내왔다. 디키 연구진의 예측대로 우주배경복사가 우주를 고루 채우고 있었다. 평균 온도는 2.7250켈빈이었고, 파장은 흑체복사 곡선과 완벽하게 일치했다. 빅뱅 이후 최초의 빛이 방출되는 시기까지 우리 우주는 고온의 열평형 상태를 유지하다가 온도가 내려가 2.7250켈빈에 이르렀다는 의미다. 이로써 호일의 정상우주론은 관에 못이 박혔고, 대폭발 우주론이 대세로 자리 잡았다. 그리고 우주배경복사의 스펙트럼을 통해 우주 나이를 추정할 수 있었는데, 이는 약 138억 년이었다.

42
보스의 상상과
초기 우주 38만 년까지

히에로니무스 보스, 〈세속적 쾌락의 동산〉(1504?)

상상력은 인지의 한계를 확장하는 힘이다. 15세기 르네상스
시대의 다른 화가들이 성경 속 등장인물이나 사건 묘사에서
벗어나지 못했을 때 천국-지상-지옥을 가장 미스터리하게

표현한 화가가 있었다. 네덜란드의 화가 히에로니무스 보스(Hieronymus Bosch, 1450?~1516)이며, 그 작품이 바로 〈세속적 쾌락의 동산〉이다. 오늘날의 네덜란드 스헤르토헨보스에서 태어난 그에 관한 자료는 거의 없다. 1480년부터 화가로 활동했고 이듬해에 나이 많고 부유하며 지체가 높은 여성 고이아르츠 반 덴 메르베네와 결혼했다는 기록 정도가 존재할 뿐이다. 풍족해서였을까? 그는 천문학과 점성술 그리고 여행서적에 깊이 심취했다. 위 그림은 이런 그의 경험을 버무려 캔버스에 상상의 나래를 활짝 편 작품이다.

판화로 복제되어 널리 퍼진 그의 그림은 요즘도 패러디될 정도로 독특하고 현대적이다. 특히 '월리를 찾아라' 형태의 화풍은 피터르 브뤼헐에게 큰 영감을 줬다. 작품은 좌에서 우, 세 폭에 천국과 지상 그리고 지옥을 각각 표현했다. 왼쪽 패널은 창세기 에덴동산이 떠오르게 한다. 가운데 패널이 인간세계, 즉 쾌락의 동산이다. 여기서 쾌락은 타락을 의미한다. 따라서 작품은 맨 오른쪽에 묘사한 암흑의 지옥 세계로 가는 일련의 과정을 설명한다. 쾌락을 모두 죄로 매도한다는 불만이 있지만, 어쨌든 기독교적 기발한 발상이 복잡하게 담겨 있다. 20세기에 들어 무의식과 꿈의 세계에 천착했던 살바도르 달리의 초현실적 회화를 비롯하여 페터 뎀프의 추리 소설 《보쉬의 비밀》, 그리고 영화 〈스타워즈〉에 나오는 외계인의 모티브가 되었다.

인간-지구-우주의 하모니

과학에서 상상은 관찰과 실험으로 완성된다. 우주배경복사 탐사선 COBE가 임무를 마쳤다. 미 항공우주국은 2001년 6월 30일, 윌킨슨 극초단파 비등방탐사선(WMAP, Wilkinson Microwave Anisotropy Probe)을 발사했다. 프로젝트의 원래 이름은 그냥 MAP이었다. W가 덧붙여진 것은 우주 탐사선 계획에 공헌이 컸던 데이비드 토드 윌킨슨(David Todd Wilkinson, 1935~2002)을 기리기 위함이었다. 그는 우주배경복사 해설 논문을 쓴 프린스턴 대학교 로버트 디키의 연구진 일원이었다. 하지만 이것으로 노벨상을 받지 못한 그의 아쉬움이 덜어졌을지는 의문이다.

흥미로운 점은 탐사선 이름에 붙은 비등방(非等方)이다. 우주배경복사에서 일정하지 않은 무엇을 정밀하게 측정하려는 의도를 암시한다. '최초의 빛' 우주배경복사는 우주 전반에 퍼져 있음에도 정보(온도)가 동일했다. 이것은 동시성과 등방성을 의미한다. 동시성은 인플레이션 이론으로 설명할 수 있다. 인플레이션 이론은 빅뱅 이론의 발전된 형태로, 초기우주에 대형 폭발과 함께 상상을 초월할 정도로 빠른 급팽창 시기가 있었기에 우주의 먼 끝까지 정보가 같다는 주장이다. 그러나 등방성에는 한 가지 근원적인 의문이 생긴다. 등방성을 보인다면, 우주가 균질하기에 아무 일도 일어나지 않아야 마땅하다. 그렇기에 "균질한 우주에서 어떻게 물질이 모여 별과 은하가 형성됐느냐?"는 합리적인 의심이 뒤따른다. 따라서 미세하게나마 비등방성의 흔적을 밝혀내야 할 필요성이 제기되었다.

르메르트는 원시 우주를 '우주 달걀'이라고 불렀다. 하지만 크기에서 오해를 불러오기 쉽다.《거의 모든 것의 역사》의 저자 빌 브라이슨의 말을 빌려 가늠해 보자. 양성자는 비현실적으로 작은 원자의 일부분이다. 알파벳 'i'에 찍힌 점 하나에도 5000억 개가 들어갈 수 있다. 그 양성자를 다시 10억 분의 1 정도 부피로 줄인다고 상상하라. 그리고 어떻게 하든 대략 30그램 정도의 물질을 그것에 채워 넣어라. 여기엔 어떤 물리적 법칙도 통하지 않는 상태이기에 특이점이라고 부른다. 특이점은 일반상대성이론을 바탕으로 한 가설이다. 반면 1970년대 스티븐 호킹은 점과 같은 형태는 존재하지 않았다며, 곡면 형태의 무경계 가설이란 아이디어를 냈다. 여하튼 이렇게 작은 초기 우주에 시간과 공간이 있을 리 만무하다. 시공간은 빅뱅으로부터 시작되었다. 또한 우주에는 중심점이 없다. 따라서 빅뱅이란 풍선 표면에 여러 개의 점을 찍어놓고 부풀렸을 때처럼 점들 사이의 거리가 멀어지는 형태의 급격한 팽창을 말한다.

인간–지구–우주의 하모니

초기 우주를 이해하려면, 빅뱅 이후 몇 가지 시간 개념*이 중요하다. 먼저 플랑크 시간이다. 물리적으로 의미가 있는 측정이 비로소 가능해진 최소한의 시간 단위이다. 플랑크 길이(1.62×10^{-35}미터)를 빛이 지나가는 시간, 즉 10^{-43}초를 말한다. 두 번째는 대폭발(10^{-35}초) 후 1초다. 물리 법칙이 성립하는 최초의 시간으로 매우 유의미한 변곡점이다. 이는 우주의 크기가 태양계의 천 배 정도, 온도가 10^{27}켈빈에서 약 10^{13}켈빈까지 내려간 시점이다. 네 가지 힘, 중력과 전자기력, 강력과 약력이 독립적으로 태어났다(대통일 시간). 그리고 현재까지 발견된 가장 작은 입자인 쿼크가 세 개씩 결합하여 양성자와 중성자가 만들어졌다.

세 번째 시간, 3분이 되자 우주가 팽창하면서 온도가 10억켈빈까지 떨어졌다. 그러자 오늘날 우주의 구성 물질 대부분을 차지하는 수소(74퍼센트)와 헬륨(24퍼센트)의 원자핵이 생겼다. 모든 힘이 하나의 통일된 형태로 존재했으며, 우주의 기본 속성도 이미 조밀하게 다 품고 있었다. 이후 우주는 여러 단계를 거쳤지만, 전자와 원자핵이 분리되어 각각 따로 운동하는 플라스마 상태 그대로였다. 마지막으로 빅뱅 이후 38만 년

---

* 시간에 따른 초기 우주의 변화는 자료에 따라 매우 다양하게 서술되어 있다. 그중 온도와 관련해서는 다음 책을 참고했다. 이지유의 《처음 읽는 우주의 역사》 참조

이 중요하다. 이때 우주의 크기가 지금의 1,000분의 1 정도이고, 온도가 3,000켈빈까지 내려갔다. 전자와 원자핵이 결합하여 드디어 원자가 탄생했다. 가장 단순한 원자인 수소, 헬륨, 중수소가 등장하면서 물질 시대의 도래를 알렸다. 우주배경복사도 비로소 우주 공간을 자유롭게 날아다녔다.

탐사선 COBE가 우주에서 마이크로파 검출기로 오염되지 않은 우주배경복사를 7000만 번이나 측정했다. 1992년에 온도를 색으로 나타낸 지도를 보내왔는데, 얼룩이 나타나 있었다. 10만분의 1의 차이를 보이는 비등방성으로 인한 얼룩으로, 신생 우주에 밀도 차이가 존재한다는 뜻이었다. 무시해도 좋을 이러한 미세한 일탈은 중력적 불안정성을 키웠다. 이윽고 WMAP가 7년 동안 COBE보다 40배 정밀하게 관측한 결과, 우주의 나이(137.72±1.12억 년)와 우주 공간의 편평성(약 2퍼센트)에서도 오차가 존재한다는 사실을 밝혀냈다. 모두 빅뱅 후 10^{-32}초에 일어났던 미세한 양자 요동으로 인한 편차였다. 그리고 이것이 우주의 씨앗이 되어 빅뱅 후 3억 년이 되자 밀도가 조밀한 곳에서 최초의 별이 탄생했고, 이어 은하를 형성했다. 피자 반죽이 균일하지 않고 군데군데 작은 덩어리와 주름이 생긴 것과 같은 모습이었다.

WMAP가 알려준 또 하나의 놀랄 만한 결과는 우리 우주가 온통 암흑천지라는 사실이었다. 우주에는 우리가 아는 물질이 4퍼센트밖에 없고 나머지는 암흑 물질이 22퍼센트, 암흑

288   인간—지구—우주의 하모니

에너지가 74퍼센트를 차지한다. 이를 암흑이라 일컫는 이유는 어두워서이기도 하지만, 정체를 몰라서이기도 하다. 그중 암흑 에너지는 기묘하게도 음의 척력을 가지고 있어 우주의 매우 빠른 팽창을 돕는다. 그러나 WMAP도 보스가 상상한 천국과 지옥 비슷한 흔적은 발견하지 못했다. 없는 것일까, 아니면 또 다른 우주 깊은 곳에서 꽈리를 틀고 있는 것일까? 결국, 천국과 지옥은 우리 마음속에 있는 거 아닐까? 생각이 결합하지 않고 플라스마 상태에 머무른다.

43
생명의 기원과
메리안의 곤충 도감

마리아 지빌라 메리안, 〈수리남 곤충의 변태〉 도감(1705)

그림은 마리아 지빌라 메리안(Maria Sibylla Merian, 1647~1717)
의 〈수리남 곤충의 변태〉 도감 중 하나다. 곤충의 변태는 그녀
가 연구를 시작할 당시 상상도, 주장도 못 했다. 그야말로 악마

인간—지구—우주의 하모니

의 마법이었다. 그녀는 열세 살에 누에를 처음 길렀다. 그리고 알에서 애벌레, 다시 번데기에서 나비로 성장하여 하늘을 나는 광경에서 자신의 운명을 예감했다. 곤충 연구를 천직으로 삼은 그녀는 스물여덟 살에 첫 동판화집《꽃 그림책》1부 이후 《애벌레의 경이로운 변태와 그 특별한 식탁》을 썼다.

사람을 만나기보다 곤충 관찰하는 일을 더 즐겼던 메리안은 쉰두 살이 되는 1699년에 남미 수리남으로 갔다. 그곳에서 풍토병 말라리아와 더위를 이겨내면서 2년간 치밀하게 연구했다. 그리고 마침내 최고의 걸작《수리남 곤충의 변태》를 발간했다. 이렇게 이야기하면, 자칫 그녀를 전사처럼 여길 수 있다. 하지만 의붓아버지, 두 번의 결혼, 화가였던 주정뱅이 남편, 세상의 홀대 속에서 그야말로 인고의 세월을 보낸 상처받은 영혼이었다. 따라서 연약하고 외로운 그녀가 말 못 하는 곤충에게 관심을 쏟은 것은 필연적 선택이었는지 모른다.

그녀의 책은 유럽 곤충학계에 큰 충격을 던져주었다. 그러나 그뿐, 전문 교육을 받지 못한 여성의 꽃과 곤충 그림은 천대받았다. 말년에 그녀의 이름은 빈민자 명부에 올랐다고 한다. 20세기 중반 그녀의 업적이 재평가되고, 독일 500마르크 지폐와 기념우표에 얼굴 초상이 들어갔다. 뒤에 남은 사람들의 미안한 마음을 모은 최소한의 예우로 보인다.

생명체의 지구 출현 과정을 명확히 설명해 주는 정설은

없다. 외계 유입설을 제외한다면, 지구에서 생명체가 탄생하기 위해서는 단백질, DNA, 미토콘드리아 그리고 배양액 등이 존재해야 한다. 이중 단백질은 '생명의 기본 재료' 아미노산을 특별한 순서로 연결해야만 한다. 예를 들어 단백질 중 하나인 콜라겐을 만들려면, 1,055개의 아미노산을 정확한 순서로 연결해야 가능하다. 확률상 제로에 가깝다. DNA는 단백질이 자기복제하는 데 필요하다.

38억 년 전 어느 순간, 단백질과 DNA를 담아둘 막이 생겼다. 모든 생명체를 구성하는 기본 단위인 세포다. 세포를 이루는 물질들은 무생물이지만, 세포 자체는 생물이다. 따라서 세포는 무생물과 생물을 구분 짓는 경계이다. 최초의 세포는 열을 좋아하는 원시 세균이거나, 박테리아 세포였을 것이다. 이후 지구는 20억 년 넘게 하나의 세포로 이루어진 원핵(原核) 생물의 세상이었다. 그런데 마침내 박테리아가 엄청난 일을 해냈다. 효소 작용, 질소고정*, 광합성 운동 등 생태계의 근본 요소를 창출한 것이다.

그러던 중 청록색 박테리아가 물에서 수소를 빼앗으면서 산소를 대규모로 방출했다. 그리고 대기 중에 산소가 21퍼센트로 높아졌을 때 전혀 새로운 형태의 진핵세포가 등장했다.

---

* 대기 중의 질소를 암모니아로 환원하는 생물학적 과정

인간―지구―우주의 하모니

빨라야 19억 년 전 일로, 유전물질을 포함하는 핵을 지닌 세포로서 진화의 첫걸음이었다. 단세포 진핵생물은 동물 이전의 생물, 원생생물이라 불렀다. 진핵생물에서 다세포생물로의 진화는 거의 동시에 진행되었다. 세포를 숙주로 한 미토콘드리아가 유도했다. 그리고 성을 매개로 한 유성생식이 선택되면서 진화에 엄청난 속도가 붙었다. 유성생식은 종의 다양성과 강인함을 동시에 만족시키는 방법이었다. 그러자 다세포 유기체의 세포들은 각각의 임무에 맞게 기능을 특화했다. 하지만 기본적으로 나머지 세포들이 생식세포에 모든 힘을 몰아주는 경향을 보였다.

고생대 초기 캄브리아기에 생명체는 절정을 이룬다. 약 5억 4천2백만 년 전부터 5억 3천만 년 전 사이에 갑자기 서른다섯 가지 생물 문(門)이 생겨났다. 이를 '캄브리아기 대폭발'이라 부르는데, 1천3백만~2천5백만 년 정도 지속되었다. 문은 생물의 분류 체계 중 하나로, 제법 큰 범주다. 예를 들어, 인간은 동물계의 척삭동물문으로 분류한다. 문은 연이어 강, 목, 과, 속, 종으로 나뉘는데, 이 분류는 스웨덴의 박물학자 칼 폰 린네(Carl von Linné, 1707~1778)가 만들었다. 여하튼 이후 문은 두 번 다시 생기지 않았으니 대폭발이라 할 만하다. 이때 등장한 대표적인 생물이 삼엽충이고, 이어서 척추동물 어류가 나타나면서 바다를 점차 가득 채워갔다.

지질 구조판의 융기 등으로 바닷물이 빠지면서 고생대 말기에 판게아라는 초대륙이 만들어졌다. 그러자 다세포 유기체가 바다에서 육지로 올라왔다. 바닷속이 위험해졌으며, 해안가에서 먹이 찾기가 어려웠기 때문으로 추정한다. 물론 이전에 육지 식물이 전혀 없었던 것은 아니다. 달의 조수 작용으로 발생하는 밀물과 썰물로 인해 일부 생명체가 수상과 육지를 오간 것으로 보인다. 여하튼 물속에 살던 생명체로서는 죽음을 이겨낸 쾌거였다. 이 과정에서 균류의 도움을 받은 녹조류가 광합성을 통해 산소와 유해산소인 활성화 산소를 분해하는 효소를 만들어냈다. 이렇게 빈산소에서 산소가 풍부한 상태로 접어들기까지 무려 22억~24.5억 년이 걸렸다.

동물과 식물은 별도의 방법으로 각각 진화했다. 식물 화석은 4억 8천만 년 전, 동물 화석은 4억 5천만 년 전 지층에서 확인된다. 최초 동물은 딱딱한 부위가 없었기에 흔적을 찾기 어렵다. 양서류에 이어 데본기(3억 9천5백만 년 전~3억 4천5백만 년 전)가 되자, 무척추동물인 거미와 곤충류가 활발해졌다. 그러다가 2억 5천만 년 전 95퍼센트의 종이 사라지는 '페름기-트라이아스기 대멸종' 이후 파충류가 번성했다. 파충류는 껍질이 있는 알을 땅에 낳았다. 진화에 있어 큰 변화였다. 부모의 입장에서 물속으로 돌아갈 이유가 사라진 것이다. 그러나 물속처럼 알 위에 수정할 수는 없는 노릇이었다. 파충류는 암컷의 신체에 직접 정자를 넣는 교미 방법을 개발했다. 파충류에서 진화한 놀라운 생물인 공룡은 이 방법으로 1억 년 이상 번

인간-지구-우주의 하모니

식했다. 비슷한 시기에 등장한 포유류나 조류 역시 굳이 과거의 생식 방법을 고집할 필요가 없었다. 이런 진화 과정을 거친 파충류와 조류 그리고 포유류 대부분은 태아 상태일 때 물에서 산 흔적이 발견된다. 그리고 인간의 피에 바닷소금이 포함되어 있으며, 몸의 65퍼센트가 물이다. 바다가 인류 역사의 출발점이라는 방증이다.

중생대 마지막 시기에 다시 한번 지구에는 커다란 사건이 발생했다. 오늘날의 멕시코 유카탄 부근에 거대한 운석이 떨어졌다. 그때 지구 전체 생물의 75퍼센트가 멸종했고, 공룡의 시대가 막을 내렸다. 신생대는 포유류와 조류의 시대다. 마침내 지구 탄생 46억 년 막바지에 인류의 조상이 탄생했다. 이렇게 생명체들의 38억 년 역사를 개관해 보면, 세균에서 곤충에 이르기까지 34억 년이란 장구한 세월이 흘렀다. 반면 곤충에서 인간에게 이르기까지는 약 4억 년이 걸렸을 뿐이다. MIT 로봇연구소장 로드니 브룩스는 이렇게 평가한다.

"이것은 곤충 수준의 지능이 절대 사소하지 않음을 암시한다."

44
요제프 보이스와 토끼
그리고 DNA

요제프 보이스, 〈죽은 토끼에게 어떻게 그림을 설명할 것인가〉(1965)

독일이 낳은 20세기 최고의 예술가 요제프 보이스(Joseph Beuys, 1921~1986)가 머리에 꿀과 금박을 뒤집어썼다. 그리고 안고 있는 죽은 토끼에게 약 두 시간 동안 미술관 그림을 설

인간-지구-우주의 하모니

명했다. 퍼포먼스 〈죽은 토끼에게 어떻게 그림을 설명할 것인가〉이다. 꿀은 인간에게 있어서 생각과 같다. 벌에게서 꿀이 생성되듯이 인간에게도 생각이 살아 있을 때 비로소 삶의 의미가 존재한다는 뜻이다. 여기에 치명적인 적은 합리화다. 합리화는 인간의 영혼을 죽이고, 내면의 소리를 잠재운다. 금박이 이를 상징한다. 따라서 고집스러운 이성으로 무장한 인간보다, 죽은 토끼의 영혼이 그림을 더 잘 이해할 수 있다는 통렬한 풍자다.

스무 살 요제프 보이스는 제2차 세계대전이 일어나자, 나치의 공군 조종사로 참전했다. 1943년, 그가 탄 비행기가 러시아군에 의해 격추되었는데, 몽골리안 계통의 타타르족 원주민이 크림반도에 떨어진 그를 발견했다. 원주민은 먼저, 불에 탄 그의 몸뚱이에 동물의 비곗덩어리를 발라 응급 처치했다. 그리고 추위에 떠는 그를 펠트 담요에 감싸서 썰매에 태웠다. 8일 만에 그는 기적적으로 살아났다. 샤머니즘 사회의 문화적 잠재력을 경험한 그는 스스로 무당임을 자처했다. 신과 소통을 시도하고 삶과 죽음, 생명의 순환 관계에 몰입했다. 그리고 자신의 예술로 물질문명에 찌든 서구 사회와 나아가 전통 예술까지 치료하려 했다. 따라서 그의 작품은 인간의 본질적인 문제, 즉 의사소통과 자유에 관해 이야기한다. 이 작품도 이런 맥락에서 이해하면 된다.

이번에는 순수 물리학자가 뜬금없이 "토끼와 돌멩이가 무엇이 다르냐?"고 질문했다. 고양이 사고 실험을 했던 에르빈 슈뢰딩거가 그 주인공이다. 1943년 2월, 그는 3주 동안 금요일마다 "생명이란 무엇인가?"라는 주제로 공개 강연을 열었다. 강연에서 슈뢰딩거가 운집한 청중을 향해 던진 화두를 그대로 옮기면 이렇다.

"살아 있는 생명체의 신체적 경계 안에서 벌어지는 시공간의 사건을 물리학과 화학으로 어떻게 설명할 수 있는가?"

유전적 프로그램이 저장된 DNA의 역할을 몰랐던 때였다. 사실 유전은 뇌 활동과 마찬가지로 일종의 정보 전달이다. 슈뢰딩거는 유전자가 '암호화된 지시를 포함하는 복잡하고 불규칙한 구조를 가진 분자'라고 예측했다. 그리고 코드(암호)라는 용어를 처음 사용하면서 '염색체는 코드로 쓴 메시지'라는 결론을 내렸다. 따라서 양자역학을 유전학에 적용할 수 있다고 주장했다. 세포와 돌멩이 모두 같은 원자로 이루어져 있다. 그런데 유독 세포는 집단적이 거동을 하면서 생명 혹은 의식이 창발한다. 큰 수수께끼다. 불가피하게 슈뢰딩거는 과학의 기본 개념을 확장해야 했다. 이후 이론물리학자에 의한 인간 의식에 관한 양자적 접근은 로저 펜로즈로 이어졌다. 한편 당

인간-지구-우주의 하모니

시 슈뢰딩거의 강연 내용에서 신선한 충격을 받은 생물학자가 있었다. 영국 케임브리지 대학교 캐빈디시연구소 소속 프랜시스 크릭(Francis Crick, 1916~2004)과 제임스 듀이 왓슨(James Dewey Watson, 1928~)이다.

1944년에 이르러 미국의 세균학자 오즈월드 에이버리(Oswald Avery, 1877~1955)가 중요한 실험 결과를 발표했다. 그는 폐렴을 옮기는 감염성 박테리아 균주에서 탄수화물, 지방, 단백질, RNA, DNA 등을 분리하여 각각 살아 있는 세포에 주입했다. 그랬더니 DNA를 주입한 세포에서만 감염이 일어난 것이다. 유전 정보의 비밀이 DNA에 있다는 결론이 도출되었다. 따라서 모든 과학자의 관심은 DNA 구조를 밝히는 것에 집중됐다.

'생명의 암호' DNA는 생명체가 생명체로 존재하기 위해 꼭 필요한 아주 긴 지침서다. 평균적인 인간의 몸은 약 40조 개의 세포로 되어 있다. 그리고 한 개의 세포 속에 들어 있는 DNA를 꺼내어 펼치면, 그 길이가 약 2미터에 달한다. DNA 전체가 매우 길다는 말은 과장이 아니다. 그러나 엄밀히 구분하면, DNA 전체를 유전자라고 하지 않는다. DNA의 약 1퍼센트만이 단백질을 만드는 데 필요한 정보를 담고 있는데, 이것이 유전자다. 나머지는 어떤 단백질을 언제 어떻게 만들지, 그때그때 얼마나 많이 만들지를 조절할 뿐이다. DNA에 적힌 정보 지침은 두 단계를 거쳐 단백질로 변환한다. 전령 리보핵

산(mRNA)이 DNA 정보를 복사하여 리보솜에 보내면, 리보솜이 정보를 해독하여 단백질을 생산한다. 결론적으로 DNA는 세포에 유전형질을 직접 전달하는 것이 아니라 단백질의 형태를 명령할 뿐이다.

유전자(형질전환물질)는 네 종류의 염기(A, C, G, T)를 지닌 뉴클레오티드로 구성된 DNA다. 이 사실은 오즈월드 에이버리에 의해 이미 밝혀졌다. 그러나 사람들은 믿지 않았다. 네 개밖에 안 되는 단순한 구성에서 어떻게 놀랍도록 복잡한 유전적 변화를 담아낼 수 있느냐는 것이 그들의 의구심이었다. 0과 1만으로도 복잡한 환경을 구현하는 컴퓨터를 생각했다면, 이해될 문제였다. 하지만 당시에는 코드 개념이 없었다. 컬럼비아 대학교 생화학연구실 소속 어윈 샤가프(Erwin Chargaff, 1905~2002)는 데이터를 통해 A(아데닌)와 T(티민), G(구아닌)와 C(시토신)의 함량이 각각 같다는 패턴을 발견했다. 그러나 그것이 전부였으며, 무엇을 시사하는지는 알 수 없었다.

마침내 알고리즘을 풀고 DNA 이중나선 구조를 밝혀낸 과학자가 바로 왓슨과 크릭이다. 두 사람은 "DNA가 반드시 자기복제를 할 수 있는 구조를 가졌고, 여기에는 어윈 샤가프가 말하는 규칙성이 있을 것"이라는 가설을 세웠다. 1953년, 마침내 연구 결과가 겨우 900단어의 짧은 논문 형태로《네이처》에 게재되었다. 하지만 노벨상을 받게 되는 두 사람은 세기적인 표절 문제에 휩쓸렸다. 안타까운 것은 그때 그들은 위대

인간─지구─우주의 하모니

한 업적을 세운 과학자로서의 면모를 보여주지 못했다는 사실이다. 변명으로 일관하여 자신들의 성과와 명예를 스스로 실추시켰다. (이 내용은 '과학과 윤리' 편에서 상세히 다루기로 한다.) 요제프 보이스의 퍼포먼스처럼 그들도 머리에 금박을 두르고 있었나 보다. 합리화란 금박 말이다.

45
패러다임의 전환,
뒤샹과 찰스 다윈

마르셀 뒤샹, 〈샘〉(1917)

당신이 〈샘〉을 보고 "어떻게 변기가 예술품이 될 수 있어?"라
고 반문한다면, 마르셀 뒤샹(Marcel Duchamp, 1887~ 1968)의
의도에 부합한다. 뒤샹은 미국 아모리 쇼에 단지 위치만 바꾸

어놓은 소변기를 출품했다. 그것도 직접 만든 게 아니라 기성품을 그대로 활용했다. 물론 'R. MUTT 1917'이라고 써놓긴 했다. 하지만 그의 의도만큼은 단순하지 않았다. 소변기의 기능과 가치를 전도하여 예술품으로 신분 상승을 꾀하면서 "누가 예술을 규정할 자격이 있느냐?"라는 화두를 던진 것이었다. 이후 미술에서는 레디메이드(기성품)란 말이 생겼다. 뒤샹은 튜브형 유화물감도 기성품이므로, 결국 모든 화가는 기성품의 보조를 받는다는 입장이었다.

전위예술가, 특히 입체주의 화가들의 독선적 태도에 회의를 느꼈던 그는 회화를 캔버스에서 탈출시켰다. 그러나 전시회를 주관한 앙데팡당미술가협회는 "결코 미술 작품으로 간주할 수 없다"라며 점잖지 못한 물건의 전시를 거부했다. 예상했던 반응이었다. 뒤샹은 협회를 탈퇴했고, 여자 친구였던 비어트리스 우드를 통해 잡지《맹인》에 신랄한 성명서를 쓰도록 하면서 협회에 맞섰다. 이때를 기점으로 예술 작품에서 작가의 생각이 중요해졌다. 이른바 개념미술의 탄생이었다. 기존의 관점에선 예술답지 않은 예술이 분명하다. 대중은 매우 혼란스러웠다. 그러나 시간이 지나면서 미술이 심미적인 역할 말고도 다른 기능이 있다는 사실을 조금씩 깨닫게 되었다.

찰스 다윈은 물리학에서 뉴턴이 이룬 성과를 생물학에서 달성했다. 그의 진화론은 당시 교회뿐 아니라 일반 대중에게도 엄청난 충격을 던졌다. 파괴력에 있어서 미술계의 〈샘〉과 비슷했다. 고대 그리스의 원자론에 이어 영혼의 존재를 모른 척했으며, 창조주가 모든 생물을 동시에 만들었다는 성서의 권위를 일거에 뒤집었기 때문이다. 하지만 과학을 과학으로 만 받아들이기에는 어려운 시대였다. 다윈은 정면 대결을 피했다. 《종의 기원》에서 그는 유인원과 인간을 연결하는 어휘를 철저히 배제했다. 책 발간 12년 후 《인간의 유래》에서야 자연선택이 인간에게도 적용된다고 밝혔다. 하지만 그의 암시를 눈치채기엔 어렵지 않았다.

《종의 기원》 출간 6개월 후인 1860년 6월 30일, 옥스퍼드 대학교 강당에서 세기적인 논쟁이 불붙었다. 영국 국교의 새 뮤얼 윌버포스 주교와 동물학자 토마스 헨리 헉슬리(Thomas Henry Huxley, 1825~1895) 사이의 격론이다. 헉슬리는 1863년 〈자연에서 인간의 위치〉를 발표한 후 '다윈의 불도그'를 자처하는 상황이었다. 다윈은 몸이 아파 집에 틀어박혀 있었다. 윌버포스 주교가 장황한 논리를 펼친 다음, "누가 동물원의 유인원이 자기 조상이라고 한다면, 얼마나 불쾌하겠느냐?"고 지적했다. 그리고 헉슬리를 쳐다보면서 "만약 당신이 원숭이 후손이라면, 할아버지 쪽이요, 아니면 할머니 쪽이요?"라고 물었다. 인간의 우월성을 믿는 편견에 기댄 질문이었다. 700명이 넘는 청중이 일제히 폭소를 터뜨리면서 박수를 보냈다. 그러나 헉슬리가 멋지게 되받아쳤다.

인간─지구─우주의 하모니

"나는 우리가 원숭이의 후손이라고 해도 전혀 수치스럽지 않습니다. 그러나 교양과 웅변의 재능을 편견과 오류를 조장하기 위해 악용한 사람의 후손이라면, 매우 수치스러워 할 것입니다."*

다윈의 진화는 선처럼 일렬로 진행되지 않는다. 방사형이다. 따라서 원숭이가 사람으로 진화할 수 없고, 인류가 진화의 끝도 아니다. 이런 면에서 헉슬리는 "아름다운 가설이 추한 사실에 밀려나는 것은 과학의 비극"이라고 생각했다. 하지만 호시절을 만난 언론은 앞뒤 맥락을 생략한 채 '인간의 조상이 원숭이'라는 자극적인 기사 제목을 뽑았다. 그리고 이 말을 다윈이 한 것처럼 오해를 불러일으켰다. 사실 진화론은 그가 처음 한 주장이 아니었다. 가까운 시기에 라마르크의 획득 형질설과 로버트 체임버스의 《창조 자연사의 흔적》도 있었다. 그리고 앨프리드 러셀 월리스(Alfred Russel Wallace, 1823~1913)가 독자적으로 다윈과 같은 결론을 도출하면서 《종의 기원》 출간을 서두르게 했다. 오랜 기간의 관찰과 통찰력을 통한 실증적 증거 제시, 한계성을 인정하는 겸손함, 그리고 쉽게 쓰인 다윈의 글은 대중에게 큰 영향력을 발휘했다.

* 핼 헬먼의 《과학사 대논쟁 10가지》 참조

1831년 스물두 살 때 영국 해군 측량선인 비글호를 타고 갈라파고스로 출발할 때만 해도 다윈은 창조론자였다. 케임브리지에서 신학 학위를 받았기에 목회 활동을 했을지도 모를 일이었다. 5년간 그는 남아메리카와 갈라파고스제도를 비롯한 남태평양 섬들을 탐험했다. 그곳에서 부리의 크기가 다른 핀치(참새목 되새과) 13종을 관찰했다. 함께 승선했던 세 명이 그를 도왔는데, 그중 한 명이 다윈보다 한 살 많은 피츠로이 선장이었다. 훗날 다윈의 변절(?)을 격렬하게 비난하면서 윌버포스-헉슬리 토론장에서 "성서, 성서"라고 외쳤던 장본인이다. 학문적으로 가장 큰 도움을 준 사람은 조류학자 존 굴드(John Gould, 1804~1881)였다. 그는 휘파람새를 휘파람핀치로, 다른 종 찌르레기 사촌으로 알고 있던 것을 선인장핀치로 바로잡아 주었다. 서로 다른 모습과 특징을 지녔지만, 같은 종이라는 사실을 깨우치게 만든 중요한 지적이었다. 이렇게 분류, 정리된 지식을 전체적으로 보고 나서야 다윈은 비로소 진화론자가 되었다.

　　다윈은 귀국 후 표본 상자를 정리하고 새로운 이론의 기초를 세웠으나 망설이던 끝에 23년이 지나서야 책을 출간했다. 그러나 불행하게도 이후 20년도 채 되지 않아 진화론은 사회과학의 분석 도구로 활용되었다. 진화가 특정한 방향성을 갖는 진보의 개념으로 비약한 것이다. 사회학자 허버트 스펜서가 자기 논제에 과학적 증거로 다윈의 가설을 차용했다. 적자생존이라는 전투적인 말도 그가 만들었다. 정치적 편견이

한몫 거들자, 진화론은 인간 사회의 경쟁과 공격성을 부추기고 사회적 불평등을 조장하는 데 이용되었다. 나아가 우생학적 결론을 도출하면서 유럽의 식민 지배와 인종 차별에 정당성을 부여했다. 나치의 선전도구로도 활용한 극단적인 태도에 이르기까지 이 모든 것은 다윈의 논거와 정면으로 배치했다. 그의 진화는 의도나 목적을 인정하지 않았다. 환경에 더 잘 적응한 종이 살아남는 자연선택이었다. 다윈은 이후 제5판에서야 '(환경에)최적자의 생존(survival of the fittest)'이란 용어를 채택했다. 다행히 살아 있을 때 다른 업적을 인정받아 그는 웨스트민스터 성당의 뉴턴 옆자리에 묻힐 수 있었다.

46

지난함: 예술에서는 창조로,
과학에서는 사실로

테오도르 제리코, 〈메두사호의 뗏목〉(1817~1819)

1816년 7월 2일 아프리카 세네갈의 생루이를 향하던 프랑스 메두사호가 암초에 걸려 침몰했다. 무능한 드 쇼미레 함장이 선별한 887명은 구명정에, 나머지 157명은 뗏목에 남겨졌다.

인간—지구—우주의 하모니

결국 뗏목을 탄 사람들은 13일간 사투 끝에 열다섯 명만 구조되었다. 그러나 그중 다섯 명이 다음 날 죽었고, 《선상 일기》를 쓴 의사 앙리 사비를 비롯한 두 명이 오히려 식인 혐의로 고발되어 재판받았다.

화가 테오도르 제리코(Théodore Géricault, 1791~1824)는 이에 분노했다. 그는 1년 넘게 5×7미터 크기의 대형 작품을 준비했다. 생존자들의 증언을 청취하고, 죽어가는 환자들의 모습과 사형수의 잘린 몸을 스케치했다. 이렇게 해서 낭만주의 대표작 〈메두사호의 뗏목〉이 탄생했다. 서른세 살로 요절한 그의 살롱전 마지막 출품작이었다. 두 개의 삼각형 구도로 이루어진 그림은 레오나르도의 〈모나리자〉와 들라크루아의 〈민중을 이끄는 자유의 여신〉과 더불어 루브르박물관을 대표한다.

한편 오귀스트 로댕(Auguste Rodin, 1840~1917)의 〈발자크 상(1898)〉은 완성하는 데 무려 7년이 걸렸다. 발자크의 작품과 편지를 낱낱이 살폈고, 생전 초상화를 수집했다. 투르에 있는 발자크 기념관을 방문했으며, 그 지방 사람의 신체적 특징, 골격, 체형을 조사했다. 그리고 단골 양복점을 찾아가 그의 정확한 몸 치수까지 파악했다. 그러나 이렇게 공을 들인 두 작품 모두 곧바로 공개하지 못했다. 전자는 작품의 이미지를 두려워한 어떤 이로 인해, 후자는 원하지 않는 모습이라며 문학가협회가 인수를 거부했기 때문이다. 예술에서 창조의 과정은 대중이 생각하는 것보다 훨씬 지난하다.

6천6백만 년 전 지구상의 다섯 번째 대량 멸종을 검증하는 과정 역시 길고 험난했다. "거대한 소행성이 지구에 떨어져 공룡을 비롯해 생물 종의 약 4분의 3과 전체 속(屬)의 절반이 사라졌다"라는 가설을 증명하는 일이었다. 본격적인 설명에 앞서 "대량 멸종은 모두 다섯 번뿐이냐?"라는 질문에 먼저 답해야 한다. 5억 4천만 년 전 캄브리아기로 들어서기 전에는 생물들의 몸에 단단한 골격이 없었다. 그래서 화석이 남아 있지 않아 속단할 수 없다. 여하튼 마지막 멸종은 백악기와 팔레오기 경계에서 발생했다. 이를 K-T 멸종이라고 하며, 공식 명칭은 K-Pg 멸종이다. 이전의 절멸과 달리 지구 내부가 아니라, 외계의 유성체의 충돌에 의해 이루어졌다는 점이 특징적이다. 하지만 과학적 사실로 인정받기까지 지질학자, 화학자, 물리학자 등 많은 과학자의 수고가 대단했다.

소행성은 화성과 목성 사이에 띠를 이루며 공전하는 암석 덩어리다. 하지만 '외계의 물체가 지구를 때렸다'라는 개념이 매우 낯설 때였다. 1794년 7월 이탈리아 시에나, 그것도 과학 아카데미에 돌이 떨어졌다. 거리와 방향이 달랐지만 열여덟 시간 전에 때마침 분출한 베수비오 화산의 것이라고 생각했다. 이후 19세기 들어 화학적 측정 기법이 발달하고 나서야 겨우 지구로 떨어지는 유성체를 인정하는 분위기가 조성되었다.

인간-지구-우주의 하모니

하지만 유성체로 인해 멸종이 이루어졌다는 주장은 여전히 급진적이었다. 1988년까지도 미국 화석학자 절반 이상이 공룡의 멸종은 유성체의 충돌과 무관하다고 믿고 있었다. 따라서 먼저 퇴적층에서 거대한 유성체의 흔적을 찾아야 했다.

1970년대에 지질학자 월터 앨버레즈(Walter Alvarez, 1940~)가 스칼리아 로사라는 심해 석회암에 주목했다. 이 거대한 암석은 공룡이 살던 마지막 시대, 백악기 말 해양 퇴적물이다. 두께가 400미터에 달하며 암석은 여러 층으로 나뉘어 있다. 그런데 다른 층과는 달리 0.6센티에 불과한 얇은 점토층에서는 화석이 전혀 발견되지 않았다. 중생대 백악기 지층 K층과 신생대 3기 지층 T층 사이, 즉 K-T 경계층이었다. 월터는 지층이 형성된 이 시기에 '왜 아무런 생명체의 흔적이 없는지'가 궁금했다. 그는 그의 아버지이자 노벨 물리학상 수상자인 루이스 앨버레즈(Luis Walter Alvarez, 1911~1988)와 함께 다른 K-T 층의 이리듐(Ir) 함량을 조사했다. 함량은 이상하리만치 예측치를 크게 웃돌았다. 더욱 정밀한 화학적 조성을 측정하고자 로렌스 연구소의 프랭크 아사로(Frank Asaro, 1927~2014)와 헬렌 미셸이 합류했다. K-T 층에서는 30배, 90배, 심지어 덴마크에서는 160배 농도가 짙은 이리듐이 잇달아 발견됐다. 지상에서 300만 년 이상 누적기간이 필요한 정도의 이리듐이었다. 통상 60년 정도 소요되는 얇은 층임을 감안할 때 너무 긴 시간이었다. 결론적으로 이것은 정상적인 퇴적이 아니라 우주에서 유성체를 타고 온 것이라는 방증이었다.

초신성이 이리듐의 공급원일 수도 있다. 그러나 이 경우에는 플루토늄244가 함께 존재해야 했다. 1980년, 월터 부자는 과학전문지 《사이언스》에 "6천6백만 년 전 외계로부터 유성체가 지구와 부딪쳐서 이리듐을 비롯한 희귀 금속을 쏟아부었다"라고 발표했다. 그리고 유성체의 크기는 지름이 무려 10~15킬로미터는 되었을 것으로 추정했다. 지질학자들은 비웃었다. 그리고 인도의 데칸 트랩을 반대 증거로 제시했다. 그러나 인도 지질학자들이 퇴적물에서 공룡 뼈와 알의 조각을 발견함으로써 연대가 일치하지 않는다는 점이 입증되어 자동 폐기되었다.

이젠 외계가 개입한 생생한 증거의 현장, 크레이터(충돌구)를 찾아야만 했다. 폭은 맨해튼 너비의 약 세 배에 최소 초속 20킬로미터로 움직인 것으로 추정되는 충돌체가 남긴 사건 현장이었다. 이때 발생한 에너지는 TNT 100조 톤, 히로시마와 나가사키에 떨어진 원자폭탄보다 10억 배 규모와 맞먹는다. 1982년 많은 과학자가 세계 40여 곳의 장소를 면밀하게 조사했다. 그러나 엄청난 크기에도 불구하고 크레이터가 실제 발견되기까지는 10년을 더 기다려야 했다. 이때 흥미로운 사실이 발견된다. 1950년대부터 멕시코 국영회사 페멕스에 종사하는 지질학자들은 지름 180킬로미터, 깊이 50킬로미터의 거대한 구덩이가 유카탄반도와 멕시코만을 연하여 묻혀 있다

인간─지구─우주의 하모니

는 점을 이미 알고 있었다. 다만 회사 지질학자들은 그것이 화산의 증거라고 해석했다. 1981년에 회사 직원 펜필드가 학회에서 충돌 사건의 증거라고 주장했지만, 당시 청중 대부분은 공룡 멸종에 대한 가설 자체를 몰랐기에 두 사건을 연관 지을 생각조차 못 했다.

1990년이 되어서야 월터는 크레이터를 유성체 충돌과 관련하여 조사했다. 아버지 루이스 앨버레즈가 타계한 이후였다. 이듬해 앨런 힐데브란드에 의해 충돌구라는 사실을 공식화했다. 월터의 가설이 사실로 인정받는 순간이었다. 그리고 그 충돌구는 근처 항구의 이름을 따서 칙술루브 푸에르토라고 불렀다. 악마의 꼬리라고도 번역되는데, 잘 어울리는 이름이다. 이 지점에서 우린 이런 질문과 마주칠 수 있다. "그래서? 6천6백만 년 전 사실을 밝혀냈다고 한들 뭐가 달라지는가?" 과학자들이 보여준 사실에 대한 진지한 탐구는 결국 대중의 신뢰를 끌어낸다. 그래서 과학자들이 지금 우리에게 전하는 메시지, 특히 인류 멸종과 관련한 경고에 귀 기울이게 한다.

"알게 되면 보이나니, 그때 보이는 것은 이전과는 다르리라."

과학과 윤리, 다시 철학으로

47
'카르페 디엠'과
DNA 이중나선 구조

존 윌리엄 워터하우스, 〈할 수 있을 때 장미꽃 봉오리를 모으라〉(1908)

중세풍 녹색 드레스를 입은 처녀가 탐스러운 분홍 장미를 은 항아리에 가득 담아서 들고 있다. 그녀의 뺨도 장미를 닮아 청순하고 아름답다. 평생 그대로 머무르고 싶은 순간이리라.

영국 빅토리아 시대 라파엘전파의 화가 존 윌리엄 워터하우스(John William Waterhouse, 1849~1917)의 〈할 수 있을 때 장미꽃 봉오리를 모으라〉이다. 시에서 영감을 받은 작품으로, 원래 "젊고 아름다울 때 열심히 노력해서 빨리 시집가라"는 뜻이었다. 하지만 이 작품에서는 "좋은 시절을 즐기라(카르페 디엠)"라는 뜻으로 확대 해석할 수 있다. 쾌락을 의미하는 것이다. 하지만 여기서 쾌락은 죄의식을 수반하거나 타인에게 고통을 주는 것이 아니다. 고통의 부재이자, 삶의 기쁨이다. 만약 인간에게서 쾌락의 달콤한 감정을 빼앗는다면, 어떻게 선(善)이나, 천국을 상상할 수 있겠는가? 그래서 고대 그리스 철학자 에피쿠로스는 "진정해. 그리고 즐겨라"라고 말했다.

모든 생명체는 죽음으로 귀결된다. 어쩌지 못하는 물리적 한계다. 하지만 죽음 역시 통과의례일 뿐이다. 그러니 오지도 않은 죽음을 걱정하며 밤을 지새울 까닭이 없다. 인간이란 닫힌 계에서는 죽음이 이례적으로 보이겠지만, 우주에서는 원래 무생물이 보편적이다. 오히려 살아 있는 것이 기적이며, 이것이 엔트로피 법칙이다. 그러니 장미꽃 봉오리를 모으듯 우리의 삶도 기쁨으로 채워가야 한다.

잉글랜드의 로저 펜로즈는 블랙홀의 특이점 개념을 확장해 우주의 근원인 빅뱅을 설명하여 2020년 노벨 물리학상을 받았다. 그런 그가 흥미롭게도 인간 의식에 관한 양자적 접

과학과 윤리, 다시 철학으로

근을 시도했다. '의식의 기원'은 우주, 생명체와 함께 과학계의 3대 미스터리 중 하나다. 생물학자 에드워드 윌슨(Edward Wilson, 1929~2021)은 《통섭》에서 "우주에 존재하는 가장 복잡한 체계는 생물이며, 또한 모든 생물 현상 중에서 가장 복잡한 체계가 인간의 마음"이라고 했다. 하지만 인간에 관한 물리학적 서술은 의외로 간단하다. 《코스모스》를 쓴 칼 세이건은 딸에게 "우리는 모두 별의 자녀"라고 알려주었다. 우리 세포가 별의 구성성분과 같기에 한 말이었다. 그리고 뇌파는 본질적으로 전자기적 현상이다. 전하를 가진 칼륨 원자들과 나트륨 원자들이 움직여 만든다. 펜로즈는 두뇌 속 미세소관*에서 그 이상의 작용, 즉 양자 효과가 발생할 가능성에 주목했다. 그러나 주류 학계의 반응은 아직 냉랭하다. 어떤 실험적 증거도 없기 때문이다.

1848년 9월 13일, 미국 버몬트주 철도 공사 현장에서 다이너마이트가 폭발했다. 현장 감독관이던 스물다섯 살 피니어스 게이지의 머리에 철 막대기가 관통했다. 다행히 생명에는 이상이 없었다. 하지만 지름 9센티 정도의 구멍이 생기면서 대뇌 전두엽 부분에 손상을 입었다. 그런데 사건 이후 그의 성격이 180도 바뀌었다. 친절하고 예의 바르던 그가 거칠어졌

---

* 세포 골격의 하나로, 세포질 전역에 널리 퍼져 있는 가느다란 튜브형의 세포 모양을 유지하는 골조

다. 이에 따라 신경과학계에서 "인간의 자유의지가 과연 뇌로부터 독립되었느냐?"는 큰 논쟁을 불러일으켰다. 뇌 활동에는 생명 유지에 필요한 에너지의 최대 20퍼센트를 사용한다. 100퍼센트를 사용하면, 열이 발생하고 체온이 올라 생존에 심각한 위협을 초래한다. 이 역시 인간 두뇌의 물리적 한계성이다. 이를 극복하기 위해서는 그때그때 필요한 최소한의 네트워크만 활용해야 한다. 그러려면 각 뉴런의 자율성이 보장된 병렬식 시스템이어야 한다. 이 지점에서 양자역학적 효과가 발생하리라는 추정이 가능하다. 극미 세계에 집중하면서 생명체 이면에 작용하는 인과관계가 조금씩 드러났다. 뇌(시냅스) 신경전달물질의 생화학적 역할이 밝혀졌고, 사지마비 환자가 생각만으로 기계를 손과 발처럼 작동시켰다. 하지만 마음은 마지막 복잡계다. 그러니 현재 펜로즈의 견해는 가설로만 존재하는 철학적 문제일 수밖에 없다.

DNA는 디옥시리보핵산의 약칭으로, 생명체의 유전 정보를 담고 있는 화학 물질의 일종이다. 영국 캐번디시연구소의 왓슨과 크릭은 대담한 가설을 세우고 골판지와 철사를 이용해 DNA 분자 모델을 연구하고 있었다. 한편 런던 킹스칼리지에서도 여성 연구원 한 명이 두 사람과 다른 방법으로 DNA 분자 구조에 접근했다. 데이터를 통한 귀납적 방법을 사용하는 로절린드 프랭클린(Rosalind Franklin, 1922~1958)이었다. 그녀의 전문 분야는 X선 결정학이었다. 전자현미경으로도 보이

과학과 윤리, 다시 철학으로

지 않는 미세 물질에 X선을 쏘아서 얻은 산란 패턴을 활용해 분자 구조의 실마리를 찾는 지난한 작업이었다. 프랭클린은 DNA가 수분 함량에 따라 두 종류의 결정에서 나타난 산란, 회절 패턴을 촬영했다. 자신도 깨닫지 못한 사이에 그녀는 성배 바로 근처까지 접근해 있었다.

당시 왓슨과 크릭은 가설을 뒷받침할 결정적인 데이터가 없었다. 이때 이들을 도운 인물이 경쟁 상대인 모리스 휴 윌킨스(Maurice Hugh Wilkins, 1916~2004)였다. 윌킨스는 프랭클린과 함께 DNA를 연구 중이었다. X선 결정학에 무지했던 그는 부하 직원으로 들어온 프랭클린의 도움을 기대했다. 그러나 그녀는 자신을 별개의 독립 연구원으로 생각했다. 둘은 충돌이 잦았다. 결국 그녀가 연구실을 옮기려 할 때 윌킨스가 (크릭을 통해 친분이 있었던) 왓슨을 찾아갔다. 그리고 프랭클린의 3차원 형태의 X선 사진 복사본을 살짝 보여주었다. 이중나선 형태를 예상할 수 있고, 패턴을 통해 DNA 높이와 각도 등 구조를 짐작할 수 있는 사진이었다. 두 가닥 나선 사슬이 반대 방향을 바라보며 꼬여 있고, 뉴클레오티드 염기 A와 T, G와 C의 쌍이 사슬의 주행 방향과 90도 평면각을 이루면서 나선 내부로 들어가는 형태였다.

훗날 윌킨스는 자신에게 그녀의 데이터를 열람할 권한이 있다고 주장했다. 하지만 데이터 열람이 불법이 아니라 해도 이는 중요한 단서를 제공하는 정보 유출 행위였다. 물론 사진

Estructura secundaria del ADN: la doble helice o fibra de ADN de 20 Å.

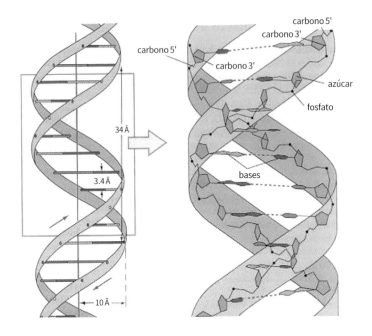

DNA의 이중나선 구조

이 전부는 아니다. 무리하여 왓슨과 크릭의 통찰력을 깎아내
리려는 의도도 없다. 다만 그녀의 사진이 두 사람에게 확신을
심어준 것은 분명해 보인다. 1953년, DNA의 이중나선 구조가
밝혀졌다. 그리고 1962년, 노벨 생리의학상 수상식에 왓슨과
크릭, 윌킨스 세 사람이 섰다. 서른일곱 살 프랭클린은 이 사실
을 모른 채 4년 전 난소암으로 요절했다. 노벨상은 생존한 인
물에게 수여한다. 하지만 누구도 수상 소감에서 그녀의 기여
를 언급한 이가 없었다. 승승장구하던 왓슨은 훗날 인종 차별

과학과 윤리, 다시 철학으로

적 발언으로 과학계에서 퇴출당했다. 그리고 생활고에 허덕이다 2014년에는 노벨상 메달을 경매에 내놓았다. 크릭 역시 우생학자로서 망언을 서슴지 않았다고 한다. 두 사람의 태도 역시 과학이 아니라 철학적 문제다. 앞으로는 양자역학이 이런 마음의 작용까지 물리적으로 설명해 줄 수 있을까? 우연을 믿는 나로서는 회의적인 입장이다. 그러나 누가 알겠는가? 지금 나의 직관이 무지에서 비롯된 것이라는 사실이 밝혀질지.

48
〈베르툼누스〉와
속씨식물의 유혹

주세페 아르침볼도, 〈베르툼누스〉(1590)

이탈리아 밀라노에서 활동하던 주세페 아르침볼도(Giuseppe Arcimboldo, 1526~1593)가 황제 페르디난트 1세의 눈에 띠어 1562년 신성로마제국의 궁정화가가 되었다. 화가로서 유럽

과학과 윤리, 다시 철학으로

최고의 반열에 올랐다는 의미였다. 이전의 궁정화가 티치아노와 굳이 비교하자면, 아르침볼도의 명성이 규모 면에서는 조금 뒤졌다고 볼 수 있다. 티치아노의 주군 카를 5세가 친동생인 페르디난트에게 제국을 물려주면서 아들 펠리페 2세에게 에스파냐를 떼어주어 영지가 줄어들었기 때문이다.

빈과 프라하 궁정에서 작업하던 아르침볼도는 페르디난트의 장남 막시밀리안 2세 때에 와서 마음껏 끼를 펼쳤다. 사계절 각각 절기에 맞는 각종 식물을 조합하여 유쾌한 이미지를 창조했다. 봄은 꽃, 여름은 과일과 채소, 가을은 포도와 곡식, 겨울은 잎사귀가 떨어진 나목으로 인간을 형상화했다. 마침내 그는 대표작인 계절의 신 〈베르툼누스〉를 완성했다. 티코 브라헤가 궁정 수학자였던 때로, 당시 황제 루돌프 2세를 닮았다. 과연 절대지존인 황제는 이 초상화를 어떻게 받아들였을까?

루돌프는 그림 속 모습으로 변장하고 축제에 등장했다. 작가의 상상력에 만족했으며, 예술을 사랑하는 통치자의 면모를 보여준 것이다. 그러고 보니 작품 속 식물도 생각할 줄 아는 인간처럼 보인다. 하지만 이런 독특한 상상력은 아르침볼도가 죽은 뒤로 이어지지 못했다. 4세기가 지난 후 초현실주의 작품에 와서야 비로소 유사성이 나타났다.

사실 식물은 동물보다 진화의 역사가 더 오래되었다. 공간을 이동할 수 없는 식물은 스스로 성장, 번식할 수 있는 독립 영양체여야 했다. 식물은 진핵세포이자 다세포 생명체이다. 유전물질이 핵 안에 존재하며, 세포와 세포 사이에 소통이 이루어지고 있다는 의미다. 먼저 식물은 광합성이라는 혁명적인 방법을 고안해 냈다. 그리고 자체적으로 물리적·화학적 보호막을 만드는 한편, 이웃 나무에 위험을 경고하는 화학적 신호를 보내기도 한다.* 특히 광합성은 식물의 의도와 상관없이 지구에 산소를 공급한다. 동물, 그중에도 산소가 있어 살아가는 호기성 동물은 이 덕분에 생명을 유지할 수 있다. 그러나 포유류 인간도 호기성 동물이거늘 감사는커녕 식물을 의식 없는 무생물처럼 대한다. 과연 그 생각이 맞을까?

지금으로부터 2억 5천만 년 전 페름기 말에 대멸종 시기가 있었다. 그때 모든 종의 95퍼센트가 사라진 것으로 추정한다. 흥미롭게도 이로부터 약 1억 년이 지난 쥐라기 말부터 식물이 꽃을 피운 뒤 씨를 안으로 맺는 속씨식물이 등장했다. 속씨식물은 오늘날 전체 식물의 약 90퍼센트를 차지한다. 동물과의 공진화 덕분이다. 이 갑작스러운 사건을 찰스 다윈은 '지독한 신비'라고 했다. 설명을 보완하자면, 2억 5천만 년 전 대륙은 남극 근처 판게아(초대륙)라는 하나의 세계였다. 판게아

---

* 김성호의 《생명을 보는 마음》 참조

과학과 윤리, 다시 철학으로

는 20세기 초 알프레트 베게너(Alfred Wegener, 1880~1930)가 대륙 이동설을 주장하면서 내세운 가상의 원시 대륙이다. 나뉘지 않은 한 공간이기에 각자도생하던 종간 경쟁이 치열했다. 해안가에 있던 박테리아가 충분히 마른 후 양치류 종자식물로 발전해 판게아를 뒤덮고 있는 상황에서 속씨식물의 도래는 중대한 변화 요인이었다. 그리고 약 5천만 년을 유지하던 판게아가 서서히 둘로 분리되었다. 1억 3천5백만 년 전 무렵, 라우라시아**와 곤드와나***로 완전히 나누어졌다. 식물과 동물의 공진화는 이 과정에서 생겼다고 보면 된다. 한편 대륙은 약 6천5백만 년 전에 와서야 현재의 형태를 갖췄다.

벌새 한 마리가 꽃 앞에서 정지 비행한다. 벌같이 생긴 새라 하여 벌새다. 하지만 날갯짓은 오히려 벌보다 더 부지런하다. 초당 19~90번 날갯짓하는데 이는 꿀을 빨아 먹기 위해서다. 이런 빠른 비행이 가능하려면, 우선 몸집이 작아야 한다. 벌새는 길이가 약 5~21.5센티, 체중은 1.8~24그램 정도이다. 이들은 엄청나게 먹어야 에너지를 조달할 수 있다. 벌새는 날마다 체중의 절반이 넘는 꿀을 먹기 위해 수백 송이의 꽃을 옮겨 다닌다. 살기 위해 먹는지, 먹기 위해 사는지 구별이 어렵

**   Laursia, 오늘날 북반구로 북아메리카와 유럽, 시베리아를 포함한 지역
***   Gondwana, 오늘날 남반구를 뜻하며 남아메리카, 아프리카, 오스트레일리아, 인도 대륙으로 갈라짐

다. 그런데 꽃을 찾는 요란한 날갯짓은 벌새의 의지에서만 촉발되었을까? 거꾸로 식물이 벌새를 유혹한 결과라면, 이것은 논리상 무리한 전개일까?

실제 꽃은 꿀을 생산하는 것에서 멈추지 않는다. 특정한 곤충이나 새의 시각, 후각, 촉각 등을 자극한다. 아니, 유혹한다. 어떤 낭상엽 식물은 파리를 잡아먹으려고 냄새까지 썩은 고기로 위장한다. 오프리스 난초는 암컷 곤충의 뒷모습을 닮은 꽃을 피워 매춘란이라 부른다. 루고사스와 티 같은 장미는 일본 딱정벌레에게 배를 채워주고, 자기 내부에서 이루어지는 교미를 기꺼이 받아들인다. 원추리는 깊숙이 들어와 꿀을 실컷 먹고 나가는 작은 말벌에게 꽃가루를 흠뻑 뒤집어씌운다.[*] 결정적으로 꽃은 '열매를 수확할 때가 이르렀다'라는 중요한 메시지를 외부로 전달한다. 열매가 성숙하기 전에는 그 모습을 숨기다가 씨앗이 단단해지면, 주로 오렌지색이나 빨간색을 띤다. 동물의 눈에 잘 띄는 원초적인 색깔이다. 그리고 열매는 단백질과 함께 당분을 함유한다. 동물에게 사랑받을 수밖에 없다. 꽃이 핀 위치를 잘 기억하는 동물은 상대적으로 생존력이 뛰어나다.

그렇다면 식물이 먹이사슬 맨 위에 있는 인간마저 이용

---

[*]　　마이클 폴란의 《욕망하는 식물》 참조

하려 한다는 추정이 가능할지도 모른다. 식물의 번식에 있어서 인간이 절대적으로 유리하여 아름답게 꽃 피우는 것일 수도 있다. 그렇지 않다면, 굳이 수고스럽게 식물이 꽃을 아름답게 장식할 필요가 뭐가 있겠는가? 비약이라고 단정한다면, 곤충이나 새는 꽃을 보면서 인간처럼 감상하는 즐거움이 없다는 점을 강조하고 싶다. 우연이라고 하기엔 식물의 개화가 매우 전략적이다. 전략이라는 말에 거부감을 느낀다면, 초봄에 꽃을 피우는 잡초와 등에의 관계를 살펴보자. 등에는 벌보다 낮은 기온에서 활동한다. 따라서 추위가 가시지 않은 초봄 잡초는 등에의 도움이 절실하다. 하지만 잡초 입장에서 보면, 등에는 결정적인 단점을 지녔다. 꽃의 종류를 가리지 않고 산만하게 꽃가루를 나르기 때문이다. 그래서 잡초는 씨앗을 맺으려 서로 모여서 꽃을 피운다. 어느 한 지역에 집중적으로 출점하는 '도미넌트 전략'을 빼닮았다.**

식물, 그중에서도 하찮다는 잡초를 주인공으로 그린 화가가 있었다. 앞서 소개한 바 있는 알브레히트 뒤러다. 그가 그린 〈큰 잡초 덤불(1503)〉이 독특하다. 17세기 후반에 이르기까지 풍경화, 정물화는 인물화처럼 독자적인 장르로 대접받지 못했다. 동물도 배경으로만 대하는 분위기에서 소리 못 내는 식물

** 이나가키 히데히로의 《식물학 수업》 참조

은 생명 없는 돌과 다름없었다. 그러나 뒤러는 곤충의 시선에서 잡초를 바라보며 수채와 구아슈를 배합하여 마분지에 이미지를 옮겼다. 생명체에 관한 이런 태도는 그가 위대한 예술가로 우뚝 설 수 있었던 배경 중 하나라고 생각한다.

49

먹이사슬 위에서
비로소 고민하는 사피엔스

시모네 마르티니, 〈수태고지〉(1333)

생각의 표현 방식은 그림에서 출발하여 문자로 진화했다. 그러나 적지 않은 화가가 그림만으론 부족했는지 작품 속에 문자를 담았다. 중세에는 신이 하는 말은 위에서 아래로, 인간의 말은 아래에 나란히 배열했다. 시모네 마르티니(Simone Martini, 1283~1344)의 시에나 성당 제단화 〈수태고지〉에는 금박 입힌 글자가 나온다. 왼쪽 큰 날개를 가진 가브리엘 천사의 입에서 성모의 귀로 전달되는 말을 글자로 옮겼다. "아베 그라티아 블레나 도미누스 테쿰(평안하여라. 은총을 가득 받은 이여. 주께서 너와 함께 계신다)"이 그것이다.

현대미술로 와서는 온전히 문자로만 예술적 영감을 드러냈다. 조셉 코수스와 로버트 인디애나가 대표적이다. 그중 인디애나의 〈러브〉(1966)는 어린 시절 교회 벽에서 본 한 줄짜리 성경 구절 'God is Love'를 차용했다. 베트남 전쟁을 둘러싸고 반전 운동이 격렬해졌을 때 방황하던 젊은이들 사이에서 큰 인기를 끌었다. 인디애나의 문자 이미지 〈러브〉는 "전쟁이 아니라 서로 사랑하자"라는 메시지로 받아들여졌다.

미술과 언어는 약 5만 년 전 출현했다. 뇌의 대뇌피질 중 거울신경세포가 활성화된 시기와 맞물린다. 거울신경세포는 인류의 공감 능력에 획기적인 향상을 가져왔다는 의미에서 공감세포라고도 불린다. 인간을 생물학적으로 분류하면 동물계, 척삭동물 문, 포유 강, 영장 목, 사람 과, 사람 속, 호모사피엔스 종이다. 호모사피엔스는 오늘날 영생불멸을 제외하곤, 신의 경지까지 기웃거린다. 하지만 이렇게 대단한 인류의 시작점에 관해서는 의외로 분명한 학설이 없다. 최초의 현대 인

과학과 윤리, 다시 철학으로

류의 혈통에 대해서도 사람 속(屬)의 다른 종보다 알고 있는 것이 적다. 따라서 지금부터 하는 이야기는 추정에 불과하다. 이 점을 유념하면서 대체적인 인류의 기원을 이해하길 바란다.

　먼 조상 영장류는 약 2억 5천만 년 전부터 6천5백만 년 전 사이 중생대 공룡의 시대를 지나면서 본격적으로 모습을 드러냈다. 그중 일부가 좀 더 몸집이 큰 호미니드*로 발전했다. 이들 대형 유인원은 원숭이와 달리 몸통이 둥글지 않고, 가슴이 넙적하며 편평한 것이 특징이다. 호미니드는 다시 오랑우탄, 고릴라, 침팬지, 인간, 네 종류의 속으로 나뉜다. 인간은 침팬지와 DNA 염기 서열이 약 98.4퍼센트 일치한다. 그러나 여기서 우린 1.6퍼센트의 다른 DNA에 주목할 필요가 있다. 침팬지와 인간의 DNA 차이를 역추적해 보면, 그 편차가 약 600만 년 전에 생겼다는 결론에 도달한다. 공통 조상이 있었다는 의미다. 그들이 나무 위에서 보내는 시간은 길지 않았다. 땅으로 내려오면서는 나무를 쥐던 앞발이 자유로워졌다. 대략 500만 년 전부터 아프리카가 건조해지면서 밀림이 점점 더 열대 초원(사바나)으로 바뀌었는데, 이에 적응하기 위한 것으로 판단한다. 그러나 이족보행은 매우 위험한 전략이었다. 산란관이 좁아져 산통과 함께 산모와 아기의 사망률이 높게 증가하기

---

*　Hominid, 직립 보행 영장류, 사람과(科)

때문이다. 또한 아기의 뇌가 발달하기까지 주변의 도움이 필요하다. 반면 이족보행이 가진 장점은 훗날 손재주와 함께 두뇌의 발달을 촉진했다는 점이다.

이때 루시로 대표되는 오스트랄로피테쿠스가 등장한다. 남방 원숭이라는 뜻이며, 원인(猿人)이라고도 한다. 하지만 원숭이와는 달리 꼬리가 없었으며, 인간이 아니라 두 발로 걷던 유인원이었다. 뇌 용량은 500시시 정도로 고릴라보다 조금 컸다. 많게는 20여 종이 존재했는데, 얼마나 잘 걸었는가에 대해서는 논란이 존재한다. 오스트랄로피테쿠스는 300만 년 이상 뇌가 커지지도 않았고, 도구를 사용한 흔적이 없다. 그러던 중 오스트랄로피테쿠스가 사라졌다. 대신 300만 년에서 200만 년 전 사이 아프리카에서 여섯 종의 초기 인류가 공존했던 흔적이 발견되었다. 그중 단 하나만이 살아남았는데, 사람 속 호모가 바로 그들이다. 호모 하빌리스에서 시작하여 호모 사피엔스에 이른다. 호모 하빌리스는 '도구를 쓰는 사람'이라는 뜻이다. 침팬지에 가까운 원시 상태였지만, 뇌는 루시보다 50퍼센트나 더 컸다.

유인원과 인간의 경계선상에 호모 에렉투스가 존재했다. 그들이 약 200만 년 전 아프리카와 유라시아에서 화장했던 흔적을 확인했다. 불을 사용했다는 뜻이다. 열원을 휴대하면, 생존과 번식에 유리하다. 육류와 단단한 식물을 오래 보관하여 먹고, 금속을 녹여 도구를 만들어 농지도 개간했다. 이와 관련

과학과 윤리, 다시 철학으로

해서 이견이 존재하나 적어도 불을 사용하여 고기의 소화 흡수를 도운 점은 사실로 받아들여진다. 육식은 호모 에렉투스의 1,000시시 정도 큰 뇌와 밀접한 상관관계를 가진다. 또한 뇌의 크기뿐 아니라 정보 처리 속도도 중요하다. 인간의 두뇌는 코끼리나 고래보다 6~10배가량 빠르다. 대뇌피질에 있는 뉴런의 병렬적 역할 때문으로 보인다. 여하튼 신체 질량의 2퍼센트를 차지하는 뇌가 전체 에너지의 20퍼센트를 사용하기에 육식을 통한 에너지 보충은 분명 효율적이다.

약 120만 년 전에서 70만 년 전 사이 호모 에렉투스가 아프리카를 떠났다. 이와 관련해서도 많은 주장이 난무하지만, 현대 인류와 가까운 새로운 직립 원인(原人)이 이때쯤 아프리카를 떠난 것은 정설로 받아들여진다. 이들은 열대 지역인 아시아의 남부와 남동부 지역까지 퍼졌다. 대략 10만 년 전쯤에 사피엔스가 두 번째로 아프리카 평원을 떠났다. 그러나 생각만큼 엄청난 모험은 아니었다. 1년에 평균 130미터라는 기막힌 속도로 이동했다.* 그렇게 유럽과 지중해 지역의 네안데르탈인, 동아시아의 호모 에렉투스, 그리고 아프리카 동부의 호

---

* 이언 모리스의 《왜 서양이 지배하는가》 참조

모 사피엔스까지 인류는 세 개 집단으로 나뉘었다.*

약 3만 년 전쯤 마침내 다른 종이 모두 사라진 가운데 학명 호모 사피엔스 사피엔스가 단독으로 먹이사슬 정점에 올랐다. 현생 인류인 신인(新人) '슬기로운 사람'들이다. 여기엔 언어의 다양성이 원동력이었을 것으로 분석한다. 사피엔스 뇌의 용량은 1,300~1,500시시 정도로, 네안데르탈인의 것과 비슷한 크기였다. 네안데르탈인과 지능이 비슷했을 수 있다는 의미다. 하지만 사피엔스만이 모음을 낼 수 있는 구강 구조를 가졌다. 이렇게 지구 전역에 퍼진 현생 인류는 1만 년 전 신석기 문화를 발달시켰다. 그리고 5,500년 전 정보를 오래 저장, 전달하는 장점을 가진 문자를 만들어 문명사회를 이뤘다.

매우 숨 가쁘게 서술하여 마치 긴 세월이 경과한 듯하다. 하지만 지구의 역사 46억 년을 단 하루에 비유한다면, 사피엔스는 자정 77초 전에 처음 등장한 것과 같다. 감당하기 어려울 정도로 급격한 변화였다. 따라서 이 지점까진 사피엔스가 생존과 번식에 급급했다고 이해해 줄 수 있다. 그러나 견제가 없어지자 거만해졌다. 사피엔스는 지구 온난화를 가속화하고 진화에 깊숙이 개입하면서 여섯 번째 대멸종을 주도한다. 무도

---

* 60만 년 전에 등장하여 호모 사피엔스와 네안데르탈인의 공통 조상으로 추정되는 호모 하이델베르겐시스는, 호모 에렉투스에서 떼어내 별도 분류 되기도 한다.

과학과 윤리, 다시 철학으로

하다. 지구에는 더 이상의 신세계가 없고, 우주는 거친 곳이다. 서둘러 모든 생명체와 공진화를 추구해야 한다. 과학을 고양하듯 자연을 고양하자. 그러면 자연이 우리를 고양할 것이다.

50
〈빌렌도르프의 비너스〉와
과학 윤리의 탄생

〈빌렌도르프의 비너스〉(B.C. 25000~B.C.20000)

높이 11.1센티, 석회암으로 만든 이 작은 조각상은 1909년 오
스트리아 다뉴브강 강가 빌렌도르프에서 철도 공사를 하다가
발견된 유물 중 하나다. 그래서 〈빌렌도르프의 비너스〉라고

과학과 윤리, 다시 철학으로

불린다. 주변의 지층 분석을 통해 기원전 2만 5천 년에서 2만 년 사이 구석기시대의 유물이라는 게 밝혀졌다. 구석기시대는 1만 년 된 신석기 시대 이전 인류사의 99.8퍼센트를 차지하는데, 채집과 수렵으로 먹고살던 시대였다. 이 조각상의 가장 특징적인 점은 유방과 복부, 볼기 부위의 과장된 표현이었다. 실제 모습처럼 만들 줄 몰라 그랬을까? 아니다. 출산을 상징하는 원시적인 주술의 도구 혹은 숭배의 대상이라는 의견이 지배적이다. 가부장제가 정착하기 이전 모계 사회의 문화를 보여준다. 이런 측면에서 다시 바라보면, 돌을 깨뜨리거나 떼어내서 만든 도구를 사용했던 때였는데도 조각상은 매우 정교하다.

우리는 유물을 오늘날의 시각으로 바라보면서 홀대하는 경향이 있다. 예를 들어 청동기시대의 대표적인 무덤 고인돌을 오늘날 시각으로 보면, 들판에 큰 돌을 올려놓았을 뿐인 것처럼 보인다. 하지만 이는 청동기시대에도 인류가 죽음이라는 추상을 인식했다는 것을 의미한다. 피카소는 1만 4천 년 전 스페인 알타미라 동굴벽화를 보고 말했다.

"인류는 2만 년 동안 나아진 게 없구나."

2000년, 안톤 차일링거는 〈빌렌도르프의 비너스〉를 암호화한 사진을 앨리스라는 컴퓨터로부터 광섬유를 통해 몇 채 떨어진 건물에 있는 다른 컴퓨터 밥에게로 전송했다. 밥이 암호를 풀자 화려한 색조의 무작위적인 점이 작고 통통한 원래 비너스 모습으로 완벽하게 재현되었다. 양자 텔레포테이션(순간이동)으로, 암호화된 정보가 빛의 속도로 전달된 것이었다. 파인만이 제안했던 양자 컴퓨터의 기본이 되는 양자 얽힘에 충실한 현상이었다. 얽힘은 두 개 이상의 입자들이 서로 연관되어 아무리 멀리 떨어져 있어도 한 입자에 일어난 변화가 다른 입자에 영향을 준다. 따라서 반도체 대신 원자를 소재로 하는 양자 컴퓨터는 0과 1을 양자 중첩과 얽힘으로 다루면서 연산 속도와 처리 용량이 급격히 치솟는다. 가로 1미터, 세로 2미터 크기의 장치로도 막대한 조합의 계산을 거의 무한으로 반복할 수 있다. 머지 않은 장래에 슈퍼컴퓨터 성능을 지닌 양자 컴퓨터 칩이 상용화될 전망이다. 그러면 고도의 영상진단에 의한 질병의 조기 발견, 양자 보안 그리고 수집된 빅데이터의 활용 등에 응용이 가능할 것으로 기대된다.

과학과 기술은 오랜 세월 따로 발전해 왔다. 초기엔 상호 보완성이 강조되었다. 과학은 이론 체계를 구축하여 기술의 진보를 촉진했다. 반면 기술은 실천적 노동으로, 문제 제기를 통해 과학의 발전을 자극하는 행태였다. 처음에는 과학과 기술이 서로 어울릴 수 없는 사이라고 생각했다. 하지만 발전 속도가 빨라지면서 오늘날에는 과학기술로 묶어 사용한다. 20세기 말 등장한 내비게이션이 대표적이다. 범지구위치결정시스템(GPS)을 기반으로 하는데, 지구 주위에 인공위성을 띄우고 거기서 원자시계를 돌리는 구조다. 위성을 발사하고 조정하는 원리는 뉴턴역학이다. 그리고 원자시계의 작동은 양자역학이나 상대성이론을 통해 시간을 실시간대로 교정해야 한다.

17세기 유럽에서 식민지 전쟁이 치열해지면서 군수공업이 발달했고, 그 영향으로 물리학과 수학이 중요해졌다. 이후 기술의 유용성이 두드러지게 된 정점에 산업혁명이 자리 잡았다고 할 수 있다. 기계가 인간의 근력을 대체하면서, 기술은 국가의 흥망성쇠와 직결되었다. 이는 봉건제 뿌리가 약했던 영국에서 시작했다. 올리버 크롬웰의 철권정치 아래 공화제가 실시되었고, 근대적 경제질서가 조기에 확립되었다. 1776년 3월 22일, 뉴커먼 엔진을 개량한 증기기관이 탄생했다. '철의 족장' 매슈 볼턴이 제임스 와트(James Watt, 1736~1819)를 금전적으로 후원했다. 그는 문필가 제임스 보즈웰을 만난 자리에서 이렇게 말했다.

"선생, 이곳에서 나는 온 세상이 손에 넣기를 원하는 것을 팝니다. 바로 힘이지요."

그렇다. 기술은 힘, 즉 권력이 되었다. 이언 모리스도《왜 서양이 지배하는가》에서 같은 관점을 밝혔다. 동양은 서양보다 사회발전 지수에서 1,200년을 앞서다가 18세기에 들어서면서 추월당했는데, 이언 모리스는 그 전환점이 바로 영국의 산업혁명이라고 주장한다. 이후 영국에 뒤이어 프랑스와 독일이 산업혁명에 성공했다.

인류는 창조적이지만, 태생적으로 폭력적이기도 하다. 기술이 발전하자 이때부터 대규모 노동력 착취와 이에 따른 인권 그리고 삶의 질과 관련한 문제가 불거졌다. 식민지 개발 과정에서 전쟁은 더욱 파괴적으로 바뀌었다. 제1차, 제2차 세계대전 사이인 1920~1930년대에 과학과 기술이 집중적으로 융합하기 시작했다. 국가가 주도하는 형태로 군사기술의 혁신이 일어났으며 그 결과 전투기, 잠수함, 전차 등 새로운 무기가 개발되었다. 자연스럽게 과학기술에서 윤리 문제가 본격적으로 대두되었다. 대표적인 사례는 제1차 세계대전 중에 독일이 개발한 독가스다.

프리츠 하버(Fritz Haber, 1868~1934)는 비인도적인 독가스를 제조하면서, "사용 문제는 독일 정부의 선택"이라고 강변했다. 1918년 독일이 패전하여 그는 전범으로 몰릴 수 있는 상황이었으나, 오히려 노벨 화학상을 받았다. 인공 질소 비료를 만드는 방법을 찾아내 맬서스의 인구론을 극복하고, 유럽의 식량 위기를 해결한 공로였다. 하지만 물리학자였던 그의 아내 클라라 임머바르가 1915년 하버와 다툼 끝에 권총으로 자살했다. 유대인이면서 독일인임을 자랑스럽게 여겼던 하버 자신도 1933년 나치에 의해 공직에서 추방되었다. 이후 그는 스위스 바젤의 한 호텔에서 자던 중 심장마비로 사망했다. 연

과학과 윤리, 다시 철학으로

합군 측도 독가스 문제에서 벗어날 수 없었다. 그 유용성을 인정, 개발에 착수하여 포스겐 가스를 독일군 참호에 뿌려댔기 때문이다.

역사에서 전쟁보다 빠른 기술적 진보는 없었다. 특성상 이른 시일 내 효과를 보아야 해서 국가 주도로 엄청난 군사 예산을 쏟아부었다. 따라서 과학기술로부터 발생한 모든 후유증은 개인 혹은 국가가 탐욕에 천착하면서 생긴 부산물로 볼 수 있다. 그 정점이 바로 핵무기 개발이다. 공부하면 할수록 광활한 우주에서 살아 있다는 자체가 기적이라는 사실을 자주 실감한다. 그 이상의 가치는 단언하건대 '없다.'

51
제1차 세계대전과
윤리의 확장

에른스트 루트비히 키르히너, 〈군인으로서의 자화상〉(1915)

제1차 세계대전은 예고된 전쟁이었다. 개전 초 양측 참전 군인들 대부분이 그해 크리스마스를 집에서 맞으리라고 가볍게 생각했다. 그러나 4년 넘게 동부와 서부 전선에서 7천만 명 이상

과학과 윤리, 다시 철학으로

의 군인이 싸웠다. 그중 13.5퍼센트인 940만 명이 목숨을 잃었고, 1540만 명이 다쳤다. 참혹한 전쟁이었다. 제2차 세계대전은 1차 대전의 연결선상에서 필연적으로 발생할 수밖에 없었다. 그래서 영국의 역사가 에릭 홉스봄은 양대 전쟁을 묶어 '20세기의 31년 전쟁'이라고 했다. 돌이켜 보면, 독일 표현주의는 제1차 세계대전 전후 태어날 수밖에 없는 시대 상황이었다. 소용돌이 한가운데에 휩쓸린 그들의 복잡한 고뇌를 담아내기 위해서는 형태를 왜곡하고, 색채에서 해방될 수밖에 없었으리라.

독일 드레스덴 공과대학에서 건축학을 공부한 에른스트 루트비히 키르히너(Ernst Ludwig Kirchner, 1880~1938)는 1905년 다리파를 결성했다. '현재를 더 나은 미래로 이어주는 다리'로, 자연과 도시 풍경 사이에서 균형을 찾으려 했다. 제1차 세계대전이 발발하자, 키르히너는 기꺼이 참전했다. 전쟁이 부정한 사회를 심판할 거라고 믿었다. 그러나 기대와 달리 그가 얻은 것은 처절한 고통과 약물 중독으로 인한 신경쇠약이었다. 〈군인으로서의 자화상〉은 이런 번민 속에서 그려졌다. 키르히너는 독일군 75연대 견장이 달린 군복과 모자, 자신의 초점 잃은 눈동자, 절단된 오른쪽 손목, 그리고 "계속 그림을 그릴 수 있을까?" 하는 불안감을 표현했다. 가장 위대한 반전 그림 중 하나다. 그림 속 누드는 반 문명, 반 근대화를 상징하며 자연으로 돌아가자는 외침이다.

전쟁은 불행한 일이지만, 변화의 동력이기도 하다. 앤드루 마는 《세계의 역사》에서 "금속 가공과 바퀴, 승마술과 항해술, 수학과 셈법, 건축과 종교에서 이루어진 발전은 무력 대립에서 비롯되었다"고 증언한다. 이런 면에서 제1, 2차 세계대전은 진정한 과학 전쟁이었다. 특히 과학이 승리에 결정적인 역할을 했던 2차 대전 이후 과학 연구에 대한 지원금이 폭발적으로 증가했다. 덕분에 과학은 놀라운 발전을 거듭했다. 그러나 경이로운 시선을 보내던 대중은 문득 깨닫는다. 과학기술에도 좋은 것이 있고, 나쁜 것이 있다는 사실을.

이런 조짐은 사실 일찌감치 발견되었다. 1888년 프랑스의 한 신문이 "죽음을 팔아 돈을 번 거부, 알프레드 노벨 사망하다"라는 오보를 냈다. 형 루트비히 노벨의 죽음을 오인하여 생긴 일이었다. 그의 업적인 다이너마이트는 전쟁보다도 세계 각국의 철도, 댐 건설 등에 사용된 양이 더 많았다. 그러나 오보 부고 기사가 난 뒤 세상이 평가하는 자신의 실체를 알게 된 알프레드(Alfred Bernhard Nobel, 1833~1896)는 꽤 당황했다. 이후 그는 노벨상을 제정했고, 엄청난 재산을 모두 기부했다. 당연히 1896년 12월 10일 실제 부고 기사가 났을 때 세상의 반응은 달라졌다. 맹자가 말했다.

> "화살을 만드는 사람(矢人)이 어찌 갑옷을 만드는 사람(函人)보다 어질지 않겠는가? 그러나 화살을 만드는 사람

과학과 윤리, 다시 철학으로

은 사람이 상하지 않을까 봐 두려워하고, 갑옷을 만드는 사람은 사람이 상할까 두려워한다. (…) 그러니 일은 신중하지 않을 수 없다."

과학자들은 불편할지도 모른다. 과학을 선악의 개념으로 바라보는 시선이. 그러나 과학기술은 권력, 즉 양날을 가진 칼이 되었다. 따라서 이제부터는 과학기술을 어떻게 사용할 것인가를 먼저 생각해야 한다. 윤리 또는 인문학이 상대적으로 중요해지는 이유다. 특히 환경 문제는 그 후유증이 몇 세대가 지나 나타날 수도 있다. 지구 나이 연구로 납 측정의 세계적인 권위자가 된 클레어 패터슨(Clair Cameron Patterson, 1922~1995)은 대기 중에 있는 납의 존재에 관심을 집중했다. 납은 노폐물로 배출되지 않고 뼈와 혈액에 축적된다. 그는 빙핵 연구를 통해 1923년 이전 대기 중에는 납 성분이 없었는데, 휘발유에 납이 사용되면서 위험수위에 이르렀음을 알게 되었다. 환경보호가로 신분을 바꾼 그는 자본의 온갖 압력에도 흔들리지 않고 1970년 청정대기법 제정을 끌어냈다. 이후 1986년 미국에서 모든 유연 휘발유 판매가 금지되었다. 그러자 미국인 혈액의 납 농도가 80퍼센트 감소했다. 하지만 이미 대기 중에 배출된 납은 영원히 사라지지 않기에 오늘날 현대인의 혈액 속 납 농도는 한 세기 전 사람보다 625배나 더 높다.

미 캘리포니아주 클리어 호수에 모기와 비슷한 곤충인 각다귀가 살았다. 각다귀는 피를 빨아먹지 않으며 성충이 되면, 아무것도 먹지 않고 산다. 한마디로 인간에게나 동물에게 무해하다. 하지만 모기를 닮았고 귀찮게 한다는 이유로 인간은 1949년부터 1957년까지 살충제 DDD*를 뿌려 각다귀를 박멸했다. 각다귀가 보이지 않자 모든 것이 잘 끝난 것 같았다. 그런데 이후 농병아리가 떼죽음을 당했다. 살충제가 호수를 오염시켰고, 그 플랑크톤을 농병아리가 먹었기 때문이다. 유사한 사례인 대한민국 옥시 사태는 레이첼 카슨 여사가 《침묵의 봄》에서 화학제의 위험을 경고한 지 50년이 지난 2011년에 발생했다. 임신부 다섯 명이 급성 폐질환으로 사망하면서 사태가 시작되었다.

인류는 관심을 모든 생명체로 확장해야 한다. 이런 의미에서 유전자 변형 문제도 경계를 소홀히 할 수 없다. 아! 기계도 포함해야겠다. 2017년 6월 페이스북 측에서 놀라운 소식을 전해왔다. AI(인공지능)가 자신들이 만든 언어로 대화를 나누었기에 시스템을 강제 종료했다는 내용이었다. 언어는 호모 사피엔스를 먹이사슬 맨 위에 설 수 있게 한 동력이다. 이제 언어를 학습한 로봇이 인간보다 뛰어난 두뇌를 갖게 되는 것은 시간문제로 보인다. 따라서 로봇이 인간의 단순한 명령에

---

*   DDT보다 독성이 적어 다양하게 혼합되어 상업용으로 사용하는 살충제

무조건 복종하리라는 기대는 그야말로 순진한 생각이다. 그러나 차분하게 생각해 보라. 바둑에서 알파고가 이세돌을 이긴 것이 기계의 승리일까? 인간의 성취로 받아들이면 안 되는 걸까? 기계에 질투를 느끼는 대신, 로봇을 인간 친화적으로 대할 필요가 있다. 2016년 인공지능의 선구자 마빈 민스키(Marvin Lee Minsky, 1927~2016)가 타계했다. 그는 "인간은 생각하는 기계다"라는 유명한 말을 남겼다. 그리고 덧붙여 말했다.

"장차 로봇이 지구를 물려받을 것인가? 그렇다. 하지만 서운해할 것 없다. 그들이 바로 우리의 후손이기 때문이다."

52
핵, 예술가와 과학자의
사회적 책임

살바도르 달리, 〈비키니섬의 세 스핑크스〉(1947)

1945년 8월 6일과 9일, 일본 히로시마와 나가사키에 원자탄
리틀보이와 플로투늄탄 팻맨이 떨어졌다. 히로시마에서 즉사
한 7만 명을 포함하여 1950년까지 20만 명이 사망한 것으로

과학과 윤리, 다시 철학으로

추정된다. 거주민 대비 조선인 피해가 상대적으로 더 컸다. 전쟁 중 강제 노역을 위해 일본으로 끌려간 약 67만 명 중 2만 명이 히로시마에서, 2천 명이 나가사키에서 죽었다.* 그러나 제2차 세계대전이 끝난 1946년, 남태평양의 작은 섬 비키니에 다시 핵폭탄이 떨어졌다. 길다와 헬렌이다.

살바도르 달리(Salvador Dali, 1904~1989)의 〈비키니섬의 세 스핑크스〉는 이 실험에서 영감을 받았다. 구름버섯 모양의 핵폭발을 사람의 머리와 나무로 표현했다. 핵폭탄을 찬미한다는 견해를 밝힌 달리는 당시 대중의 욕망을 대변했다. 이때 핵을 향한 대중적 열광은 그 후폭풍을 짐작조차 못 했기에 가능했다고 생각한다.

달리는 괴팍하긴 했지만 가벼운 화가가 아니었다. 대표작 〈시간의 영속성〉은 시공간의 상대성을 표현했다. 〈십자가에 못 박힌 예수: 초입방체〉에서는 여덟 개의 정육면체로 이루어진 4차원 초입방체 십자가를 그렸고, 〈제비의 꼬리〉 한 작품을 위해 그는 일흔여섯 살부터 4년간 돌발이론과 4차원 현상을 공부했다. 그러나 무엇보다 그는 1937년 나치의 게르니카 폭격을 생생히 기억하는 스페인 카탈루냐 출신이다. 고향 선배 피카소는 하늘에서 떨어지는 인류의 재앙을 〈게르니카〉에, 동

* 김채린의 《세 번째 세계》 참조

료 호안 미로는 〈낡은 구두가 있는 정물〉에 담았다. 원자탄 역시 민간인을 대상으로 한 '공중 폭격' 전술의 일환이었다. 그러니 이 작품은 달리가 인류의 재앙을 아마추어적 호기심 정도로 접근하면서 그의 빈약한 철학관을 드러냈다고 볼 수 있다.

폴란드에서 이민 온 마리 퀴리(Marie Curie, 1867~1934)는 앙리 베크렐로부터 우라늄 덩어리의 흔적이 사진판에 새겨지는 이유를 알아보라는 지시를 받았다. 그녀는 남편 피에르와 함께 어떤 암석은 상당한 양의 에너지를 일정하게 방출하면서 베크렐선(방사선)을 낸다는 사실을 발견했다. 방사능이란 말을 도입했고, 이런 물질을 '방사성 물질'이라고 불렀다. 이때 그녀는 두 종류의 원소를 발견했는데, 폴로늄과 라듐이다. 러더퍼드는 반감기와 함께 방사능이란 한 원소가 복사(빛)를 방출하면서 다른 원소로 변환되는 것을 확신했다. 하지만 그의 '방사성 붕괴 이론'이 발표된 이후 방사능은 예측하지 못했던 방향으로 발전했다. 당시 많은 사람이 방사능을 신비로운 에너지원으로 여겨 몸에 좋은 작용이 있으리라고 생각한 것이었다. 치약과 변비약에 방사성 토륨(Th)이 들어갔다. 심지어 뉴욕주 핑거 레이크 지역에 있던 글렌 스프링스 호텔은 방사성 미네랄 온천으로 유명했다. 1932년이 되어서야 비로소 생활용품에 방사성 물질의 사용이 금지되었다. 그러나 마리 퀴리에게는 너무 늦은 조치였다. 그녀는 1934년 백혈병으로 사망했다.

과학과 윤리, 다시 철학으로

그해 영국의 물리학자 제임스 채드윅(James Chadwick, 1891~1974)이 원자핵에서 중성자를 분리했다. 핵물리학의 출발이었다. 1938년 12월 독일의 오토 한(Otto Hahn, 1879~1968)과 프리츠 슈트라스만(Fritz Strassmann, 1902~1980)이 중성자를 우라늄 235의 원자핵에 충돌시키면, 질량수가 작은 바륨과 크립톤으로 변한다는 사실을 발견했다. 같은 해 독일이 오스트리아를 합병하자 예순 살 유대인 리제 마이트너(Lise Meitner, 1878~1968)는 네덜란드를 거쳐 스웨덴으로 탈출했다. 그녀는 1939년 1월, 오토 한의 연구를 바탕으로 우라늄 원자를 쪼개는 실험에 성공했다. 이때 급격한 연쇄반응을 일으키면서 나타나는 핵분열은 아인슈타인이 말한 질량이 에너지라는 사실을 확인시켜 주었다. 이 파괴적인 과정에서 방출하는 막대한 에너지를 이용한 것이 원자폭탄과 원자로였다.

제2차 세계대전이 시작되기 직전이었다. 당시 과학자들의 관심은 급속히 핵 연쇄반응으로 옮겨 갔다. 발견에서 발명의 단계로 넘어간 것이다. 재능 있는 젊은 과학자들이 핵물리학으로 대거 몰려들었다. 그중 한 명이 미국의 오펜하이머(Julius Robert Oppenheimer, 1904~1967)다. 그는 1941년 겨울 무렵 착수에 들어간 맨해튼 프로젝트를 성공적으로 이끌었다. 뉴멕시코주 로스앨러모스에서 1년 예산 20억 달러를 쓰면서 만든 것이 바로 리틀보이와 팻맨이었다. 독일과 영국도 핵무기 개발에 심혈을 기울였다. 하지만 제한 사항이 너무 많았다.

전장 속 한가운데 있어 보안이 취약했고, 전비 충당에 급급하여 입자가속기를 비롯한 막대한 자금과 인력을 동원할 능력이 없었다.

　한편 전시 상황이 되자 과학자들은 자기 인생에서 중요한 질문이 생겼다. 격동하는 정세 속에서 과연 어떤 행보를 취해야 하느냐는 딜레마였다. 결론부터 이야기하자면, 국가나 직책과 상관없는 개인적 가치관 문제로 귀착된다. 인간의 내면에는 선과 악, 사랑과 증오의 씨앗이 공존한다. 따라서 개인이 어느 쪽에 물을 더 주느냐에 따라 가치관의 기울기가 결정된다. 당시 나치 지배하 독일인 과학자들은 신념과 행동이 엇갈렸다. 아리안 물리학에 열광하는 사람들이 있었다. 반면 파울 오펜하임은 사재 일부를 털어 불운한 동료 유대인 과학자들이 나치 체제에서 탈출하는 데 도움을 주었다. 힘이 되어줄 수 없음에 안타까워만 했던 인물도 있었다. 고결한 인품과 책임감을 지녔던 막스 플랑크가 대표적이다. 그러나 무슨 업보였는지 그는 가정적으로 큰 비극을 맞았다. 제1차 세계대전 중에 그의 큰아들 칼이 베르됭 전투에서 전사했고, 딸 그레테는 1917년 출산 중 사망했다. 1944년에는 둘째 아들 에르빈이 미수에 그친 히틀러 암살 계획에 연루되어 처형당했다.

　오펜하이머의 옛 동료이자 백색 유대인이라고 불렸던 하이젠베르크는 이중성을 드러냈다. 그는 독일에 남아 전후 젊은이들을 가르쳐 독일 과학계를 재건하려 했다고 변명했다.

그러나 전력, 주변의 증언, 무엇보다 그의 강한 애국심을 고려해 볼 때 그가 독일 핵무기 개발에 적극적으로 참여했으리라 추정한다. 그는 쓸쓸하게 말년을 보내다가 1976년, 일흔넷의 나이로 세상을 떠났다. 임종하기 열흘 전 자신을 찾아온 칼 폰 바이츠재커에게 회한이 가득 찬 어조로 이렇게 말했다.

> "이제 물리학은 더 이상 중요하지 않아. (⋯) 거기에 있었던 사람들. (⋯) 그들이 중요한 거야."*

서른한 살에 노벨물리학상을 탄 천재 물리학자의 마지막 말이라기엔 매우 뜻밖이다. 인류 역사상 가장 큰 불행, 핵무기 개발과 관련해서는 승전국 편에 선 오펜하이머도 마찬가지였다. 1945년 7월 16일 최초의 핵폭발 실험에 성공한 후 그는 이렇게 말했다. 핵 문제가 양심에서 비껴간 아인슈타인이 여덟 살 난 여자아이들로부터 수학 숙제를 도와달라는 공세를 받고 있을 때였다.

> "우리는 이제 세상이 전과 같지 않을 것임을 알았다. 누군가는 웃었고, 누군가는 울었고, 대부분의 사람은 침묵했

---

* 베르너 하이젠베르크의 《부분과 전체》 참조

다. '나는 이제 죽음이 된다. 세상의 파괴자가 된다'라던 힌
두 경전 바가바드기타의 한 구절이 기억났다."*

*   스티븐 호킹의 《호킹의 빅 퀘스천에 대한 간결한 대답》 참조

최소한의 교양
과학과 미술

제1판 1쇄 발행	2024년 10월 10일
제1판 2쇄 발행	2024년 12월 10일

지은이	노인영
펴낸곳	(주)문예출판사
펴낸이	전준배
출판등록	2004.02.11. 제 2013-000357호
	(1966.12.2. 제 1-134호)
주소	04001 서울시 마포구 월드컵북로 21
전화	02) 393-5681
팩스	02) 393-5685
홈페이지	www.moonye.com
블로그	blog.naver.com/imoonye
페이스북	www.facebook.com/moonyepublishing
이메일	info@moonye.com
ISBN	978-89-310-2379-4 03400

&수문예출판사 ®   상표등록 제 40-0833187호, 제 41-0200044호